职业教育旅游与餐饮类专业系列教材

中国地方风味名菜制作

主　编：鲁　煊　黄玉叶　刘居超　张胜来

副主编：石自彬　王玉宝　邵志明　焦茂红　刘雪源　王一鸣　覃唯劲

参　编：郝志阔　黄海春　宋国庆　段辉煌　邢效兵　覃唯任　辛玉森　杨俊峰　石　磊　王卫民　李春林　刘文波　吕志成　姚强强　唐成林　袁德华　廖云丽　罗　涛　王　萌　曹星星　石秀华　尧　进　陆英娜　陈祥念　刘　侃　陆　德　梅明周　凌　荣　邱　勇　覃福和　卢业鸿　黄　猛　梁　爽　刘超劼　李胜胜

机械工业出版社
CHINA MACHINE PRESS

本书以突出“应用”和强化“能力”为原则，根据中国烹饪协会发布的地方风味名菜，结合岗位需求遴选编写内容。本书按照华北、东北、华东、华中、华南、西南、西北划分为7个模块、79个学习项目，各学习项目围绕完整的教学需求，设计了“项目目标”“项目分析”“项目实施”“综合评价”等教学内容，方便师生教学。本书图文并茂，每个项目均有操作视频，内容紧贴市场，形式新颖。

本书可供高等职业院校餐饮类专业教学使用，也可作为职业培训机构餐饮从业人员培训教材和参考用书。

图书在版编目（CIP）数据

中国地方风味名菜制作 / 鲁煊等主编. -- 北京 ：机械工业出版社，2024.10（2025.2重印）. --（职业教育旅游与餐饮类专业系列教材） -- ISBN 978-7-111-76337-6

Ⅰ. TS972.117

中国国家版本馆CIP数据核字第20247U5H54号

机械工业出版社（北京市百万庄大街22号　邮政编码100037）

策划编辑：孔文梅　　责任编辑：孔文梅　乔　晨

责任校对：李　霞　张慧敏　景　飞　　封面设计：马若濛

责任印制：郜　敏

中煤（北京）印务有限公司印刷

2025年2月第1版第2次印刷

184mm×260mm · 18.5印张 · 366千字

标准书号：ISBN 978-7-111-76337-6

定价：59.80元

电话服务

客服电话：010-88361066

010-88379833

010-68326294

网络服务

机　工　官　网：www.cmpbook.com

机　工　官　博：weibo.com/cmp1952

金　　书　　网：www.golden-book.com

机工教育服务网：www.cmpedu.com

前言

本书依据中国烹饪协会发布的地方风味名菜，以市场需求为导向，以行业适用性为基础，紧密围绕职业教育的专门性、实用性、生产性、时代性等特点组织编写。编写过程中力求呈现以下三方面的特色。

一、以立德树人为根本，校企双元编写，融入思政元素

紧紧围绕立德树人这一根本任务，将显性的知识技能教育和隐性的价值观传达相统一，组建职教领域专家、中国烹饪大师、教学研究人员、资深大赛评委、一线优秀教师组成编写团队。联合知名餐饮企业、行业协会共同编写，并严格遴选教学典型任务，将工匠精神、劳动精神、劳模精神、文化自信、职业道德等融入项目，注重学思结合、知行统一，增强学生勇于探索的创新精神、善于解决问题的实践能力。

二、以对接标准为方向，配套数字资源、助力“教学”改革

本书对标“中式烹调师”职业标准、餐饮企业中式烹调师岗位典型任务和全国职业院校技能大赛烹饪赛项的竞赛标准，坚持反映餐饮行业中的新知识、新技术、新工艺和新方法要求。配套建设数字资源，构建从“课前自学、自检”到“课中听讲、练习”再到“课后复习、提高”的“三位一体”的教学平台，助力“突出学生主体地位”的教学改革，培养应用型和实用型的社会所需人才。

三、突出职教类型特色，围绕“深”“动”“新”“好”实现理实一体

围绕餐饮行业发展需求，优化课程设置与教学内容，注重实践教学，提高学生的技能水平，培养学生的实践能力，提升教育质量并适应餐饮行业对人才的需求。围绕“深”“动”“新”“好”四个方面特点，实现理实一体。“深”——内容深度开发，立足学情，关注区域产业发展新业态及烹饪技艺的传承性。“动”——资源动起来，每个学习项目配有操作视频二维码，采用移动终端扫一扫，即可查看学习内容。“新”——内容新、学习方法新，及时将烹饪领域的新技术、新工艺、新规范纳入书中，使课程内容始终紧跟生产实际和行业的新趋势。“好”——教师好教、学生好学。

本书内容由 7 个模块组成，分别是华北地区风味代表名菜、东北地区风味代表名菜、华东地区风味代表名菜、华中地区风味代表名菜、华南地区风味代表名菜、西南

地区风味代表名菜、西北地区风味代表名菜组成，涉及我国34个省级行政区域经典名菜中的79个精选菜品（学习项目）。

本书在编写过程中得到了广西烹饪餐饮行业协会名厨专委会专家的专项指导，在项目技术标准方面得到了南宁香格里拉酒店、南宁荔园山庄酒店、南宁万丽酒店等企业技术骨干的帮助，在数字资源建设方面得到了广西海盛传媒有限公司的大力支持，在体例设计、出版等方面得到了机械工业出版社编辑的悉心指导，在此，一并表示衷心感谢。由于我国地方风味菜肴品种众多，以及篇幅有限等因素导致本书难以做到面面俱到，恳请广大师生理解，并提出宝贵意见，为后期本书的改版、完善提供指导。

鲁　煊

致老师

尊敬的老师：

您好！

感谢您选用《中国地方风味名菜制作》开展教学。本书以模块项目式的结构进行编排，是融合现代信息技术的富媒体式立体化教材。您可以通过教学项目中的“项目目标”“项目分析”“项目实施”等，引导学生进行学习准备、制订实训计划、熟悉生产制作流程、弄清生产制作注意事项、依据步骤进行生产制作，以及进行质量检查和评价，从而完成各项目的教学工作。

一、项目开发思路

1. 项目目标

明确要完成的项目目标，提出实施过程中应具备的职业精神和操作注意事项。

2. 项目分析

对每个需要完成项目的相关知识进行介绍，并对实训内容进行学习分析，根据提出的问题，探讨解决问题的办法，提升学生分析问题、解决问题的能力。

3. 项目实施

以学生为主体进行教学设计，教师指导学生依据项目实施相关内容，组织实施、过程控制、指导答疑等工作，培养学生良好的职业精神、专业精神、工匠精神等。

4. 综合评价

从生产制作前、生产制作中、生产制作后三个环节，七个评价项目进行评价。由学生本人、小组其他成员、指导老师三方构成综合性评价小组实施评价。将不同角度的评价结论综合，得出对项目完成整体效果评价，有利于较全面地反映学生的学习效果。

二、教学实施建议

1. 教学队伍

建议组建由专职教师和兼职教师构成的教学团队。专职教师组织学习准备及实训过程指导，企业兼职教师负责问题分析和项目实施的评价，充分发挥校内外教师的自身优势，取长补短。

2. 教学内容

教学内容选取上，可以根据所在区域及学生毕业后服务的企业特点及课时数，选取典型学习项目。

3. 教学组织与手段

在教学方法上，建议根据课程特点和学生特点，运用现代信息技术开展混合式教学，实现理实一体化教学，激发学生的学习兴趣，让教学不受时间、空间的限制，提升综合教学效果。

4. 环境保障

建设用于本课程实训的烹饪实训室，开展和加强校外教学实训基地建设，为学生所学知识融入实践及就业创业创造良好环境条件，提升综合教学效果。

由于我国地方风味菜肴品种众多，以及篇幅有限，不足之处在所难免。如果教师在使用过程中有任何意见、建议，请提出您宝贵的建议，以便我们进一步优化教材内容，提升教材质量。

编　者

致同学

亲爱的同学：

你好！

欢迎你进入中国地方风味名菜课程学习。通过学习帮助你了解并掌握各典型代表性菜肴的历史文化及传承信息和烹调加工步骤、成品质量标准、安全操作注意事项，这不仅是该课程的学习目标要求，更是你未来从事餐饮工作的需要。因此，在开展本课程学习之前，希望你做好以下几方面的学习准备。

一、团结协作，完成学习任务

教材中的每一个典型学习项目都是一个完整的工作过程，需要各学习小组在小组长的带领下，分工协作，按时、保质、保量地完成学习任务。在学习过程中，大家应深入交流，明确各项目的学习目标，分析为达成学习目标需要践行的学习措施，并付诸行动。另外，你还要关注一下本门课程的学业监控与评价方式，有利于顺利完成各项目学习任务。

二、主动学习，培养职业能力

虽然你是小组成员中的一员，课程学习需要小组成员共同完成，但是你不能完全依赖其他同学。相反，你是学习主体，职业成长需要主动学习，需要你积极地参与实践，树立自觉学习、时刻学习、终身学习的意识，通过学习提升发现问题、分析问题、解决问题的能力。

三、用好引导文，提升学习效率

每个学习项目都安排有项目目标、项目分析、项目实施等引导文，你应根据这些内容尽量独立自主地查阅文献资料，制定实训方案，完成每个实训项目，并客观地评价自己和他人的实训效果。同时，你应当大胆展示自己，积极分享学习成果，互相学习。教师协助大家划分学习小组，小组成员既有分工，又有相互协作，共同完成每个学习项目的要求。各小组也需要制订科学合理的学习与工作计划，能够合理安排学习各实训环节时间，按照计划规定的进度完成各学习任务。

最后，预祝你顺利完成学习目标，早日成为餐饮领域中的能工巧匠，为建设“幸福中国”贡献自己的一份力量。

编　者

二维码索引

（续）

序号	名称	二维码	页码	序号	名称	二维码	页码
19	烤奶汁鳜鱼		062	30	半月沉江		098
20	野生猴头蒸肉		065	31	海蛎煎		101
21	模块 2 测试试题		068	32	三杯鸡		104
22	糖醋小排		074	33	莲花血鸭		107
23	素蟹粉		077	34	九转大肠		110
24	砂锅狮子头		080	35	糖醋鲤鱼		113
25	松鼠鳜鱼		083	36	凤梨苦瓜鸡		116
26	三丝敲鱼		086	37	鱿鱼螺肉蒜		119
27	西湖醋鱼		089	38	模块 3 测试试题		122
28	徽州臭鳜鱼		092	39	豫式黄河大鲤鱼		127
29	胡适一品锅		095	40	炸八块		130

（续）

序号	名称	二维码	页码	序号	名称	二维码	页码
41	炸紫酥肉		133	53	荔浦芋扣肉		171
42	沔阳三蒸		136	54	阳朔啤酒鱼		174
43	葱烧武昌鱼		139	55	温泉鹅		177
44	潜江油焖小龙虾		142	56	红烧东山羊		180
45	毛氏红烧肉		145	57	避风塘炒蟹		183
46	剁椒鱼头		148	58	金奖乳鸽		186
47	腊味合蒸		151	59	焗葡国鸡		189
48	模块 4 测试试题		154	60	姜葱奄仔蟹		192
49	客家酿豆腐		159	61	模块 5 测试试题		195
50	家乡酿鲮鱼		162	62	水煮鱼		202
51	古法彭公鹅		165	63	毛血旺		205
52	螺蛳鸭脚煲		168	64	辣子鸡		208

（续）

序号	名称	二维码	页码	序号	名称	二维码	页码
65	麻婆豆腐		211	76	东府紫阳蒸盆子		247
66	宫保鸡丁		214	77	葫芦鸡		250
67	鱼香肉丝		217	78	兰州手抓羊肉		253
68	苗家酸汤鱼		220	79	金菊百合		256
69	贵州辣子鸡		223	80	青海三烧		259
70	汽锅鸡		226	81	青海酸辣里脊		262
71	宣威小炒肉		229	82	碗蒸羊羔肉		265
72	炸灌肺		232	83	大蒜烧黄河鲶鱼		268
73	酸萝卜炒牛肉丝		235	84	大盘鸡		271
74	模块 6 测试试题		238	85	馕包肉		274
75	西府岐山臊子鱼		244	86	模块 7 测试试题		277

目 录

模块 3
华东地区风味代表名菜

模块 4
华中地区风味代表名菜

模块 5 华南地区风味代表名菜

模块 6 西南地区风味代表名菜

模块 7 西北地区风味代表名菜

模块1
华北地区风味代表名菜

学习目标

知识目标

- 了解华北地区风味代表名菜概况。
- 熟悉华北地区风味代表名菜的质量标准及传承情况。
- 掌握华北地区风味代表名菜生产制作流程及注意事项。
- 掌握华北地区风味代表名菜原料选用与调味用料构成及生产制作步骤。

能力目标

- 轮值小组长能根据小组成员的综合能力进行分工，并监督实施；各小组成员能够按照分工，相互配合完成实训工作。
- 能较好地运用鲜活原料初加工技术、刀工技术，依据项目实施相关要求做好华北地区风味代表名菜制作的准备工作。
- 能够制作华北地区风味代表名菜，且工艺流程、制作步骤、成菜质量等符合相关标准。
- 通过对相关知识的学习与华北地区风味代表名菜的深入实训，结合消费者的需求变化，能进行创新、开发适销对路的新华北地区风味代表名菜。

素质目标

- 能基本理解坚持“守正创新”的重要意义。
- 珍惜劳动成果、养成良好卫生习惯。

模块导读

华北地区经典代表名菜主要从北京市、天津市、河北省、山西省、内蒙古自治区的风味菜肴中精选组成。

一、北京风味菜概况

北京风味菜简称京菜。京菜一直不断适应着不同时期的市场需求，既有以注重选料、注重调味、注重服务礼仪、注重食器、独树一帜的宫廷菜、官府菜为代表，面向中高端消费的部分，也有以普通特色菜肴和北京风味小吃为代表、面向社会大众消费群体的部分。京菜的特点是选料精到、刀工细腻、味道厚重、酱香酥脆，注重形、器，讲究规矩，擅长爆、烤、涮、炖等多种烹饪技法。

2018年9月，中国烹饪协会（以下简称“中烹协”）发布的地方风味名菜中所列北京经典名菜包含一品豆腐、东来顺涮羊肉、北京葱烧海参、北京烤肉、炸烹虾段、三不沾、红烧牛尾、砂锅白肉、北京烤鸭（见图1-0-1）、黄焖鱼肚等十大菜品。

图1-0-1　北京烤鸭

二、天津风味菜概况

天津风味菜简称津菜。作为地方风味的津菜，自身在不断适应着不同时期的市场需求和服务方式而形成了一个整体。津菜之所以能自成体系，并产生较大的影响力有诸多因素。津菜技法中，熘、扒最为独到，熘分炸熘、软熘、醋熘。津扒又称勺扒，操作时将主料（使用熟料）反向码放入勺，烹调入味，勾芡、翻勺、淋明油、装盘。

图1-0-2　官烧目鱼

中烹协发布的地方风味名菜中所列天津经典名菜包含天津红烧牛尾、火笃面筋、清炒虾仁、银鱼紫蟹火锅、煎烹大虾、天津烧肉、扒全素、官烧目鱼（见图1-0-2）、麻花鱼、罾蹦鲤鱼等十大菜品。

三、河北风味菜概况

河北风味菜简称冀菜。冀菜由冀中南平原菜、京东沿海菜、承德宫廷菜、直隶官府菜四个部分组成。冀中南平原菜，包括保定、石家庄、邯郸等地风味菜系，现在是以石家庄为代表，其菜肴选料广泛，多用山货和白洋淀水产，重色、重套汤，讲究明油亮芡，旺油爆汁。京东沿海菜，包括唐山、秦皇岛、沧州等地风味菜系，以唐山为代表，因临渤海，以烹制海鲜见长，其主要特点是选料新鲜、刀工细腻，讲究清油抱芡、明油亮芡。承德宫廷菜善用山珍野味，刀工精细、注重火工。直隶官府菜研发出一套体系，包括筵席、盛器等，被认定为省级、国家级非物质文化遗产，其出品精致大气，形象逼真。

中烹协发布的地方风味名菜中所列河北经典名菜包含白玉鸡脯、白洋淀炖杂鱼、金毛狮子鱼（见图 1-0-3）、皇家御品锅、脆皮虾、烩南北、锅包肘子、滋补羊脖、煨肘子、熘腰花等十大菜品。

图 1-0-3　金毛狮子鱼

四、山西风味菜概况

山西风味菜简称晋菜。晋菜的体系因地域、物候之差异和服务的不同分为晋中板块、晋南板块、晋东南板块和晋西北板块四大板块。晋菜的特点是注重火候，讲究刀工，选料广泛，味浓色重，擅长烧、蒸、炒、熘、炸、焖、烤、煨、扒、烩、爆等多种技法。大量用醋调味为晋菜独有。

中烹协发布的地方风味名菜中所列山西经典名菜包含土豆焖鲍鱼、山西什锦火锅、山西糖醋鱼、西红柿烩莜面鱼鱼、黄芪煨羊肉、小米炖辽参、山西过油肉、牛肉窝窝头、红枣蒸黄米、酱梅肉荷叶饼等十大菜品。

五、内蒙古风味菜概况

内蒙古菜以羊肉、奶、野菜为主要原料。烹调方法中以烤最为著名，崇尚丰满实在，注重原料的本味。传统食品分为白食和红食两种。白食蒙古语叫查干伊德，是牛、马、羊、骆驼的奶制品。红食蒙古语叫乌兰伊德，即牛、羊等牲畜的肉制品。近年来，为推动餐饮行业的发展，当地行业协会推出蒙餐的概念，即以内蒙古草原牛羊肉、奶食及制品为代表的动植物食材为主要原料，以烧、烤、涮、煮、焖、烙为主要烹饪技法，结合蒙古族膳食礼仪，形成了具有强烈地域色彩的餐饮体系。

中烹协发布的地方风味名菜中所列内蒙古经典名菜包含大汉牛尾、内蒙古烤全羊（见图 1-0-4）、风干羊背子、欢庆敕勒川、金汤滋补牛尾、金穗羊宝、烤羊脊、鸿运当头、鸿运羊楠、鹅蛋盐焗菊花羊宝等十大菜品。

图 1-0-4　内蒙古烤全羊

项目 1

红烧牛尾

项目目标

1. 搜集红烧牛尾的历史文化及传承等信息，并能恰当选用合格的原料。
2. 掌握红烧牛尾的烹调加工步骤、成品质量标准和安全操作注意事项。
3. 能依据“项目实施”做好各项准备，独立完成红烧牛尾的生产制作。

* * * * * *

项目分析

红烧牛尾（见图 1-1-1）具有“酥香软烂、色泽酱红、滋味醇厚”的特点，是北京十大经典名菜之一。为完成红烧牛尾的生产制作，传承红烧牛尾传统技艺，各学员不仅要做好相关准备，还应认真思考并回答完成此菜肴的生产制作涉及的几个核心问题。

图 1-1-1 红烧牛尾成品图

1. 进入厨房开展生产制作，对着装有何要求？
2. 选料上有什么特别的要求？
3. 刀工处理时，各原料的规格标准是什么？
4. 调味方面需要注意哪些？
5. 此菜宜采用什么样的器皿盛装？

* * * * * *

项目实施

一、主辅料及调味料准备

主辅料：去皮牛尾 900g（见图 1-1-2）；胡萝卜 1 根约 200g，大葱 100g，生姜 30g，蒜粒 50g，水淀粉 15g（见图 1-1-3）。

调味料：精盐 12g，味精 5g，白糖 7g，生抽 20ml，老抽 5ml，甜面酱 50g，胡椒粉 2g，料酒 16ml，黄酒 7ml，香料（草果 2 个，八角 15g、桂皮 12g、香叶 6 片、白芷 10g），葱油 10ml（见图 1-1-4）。

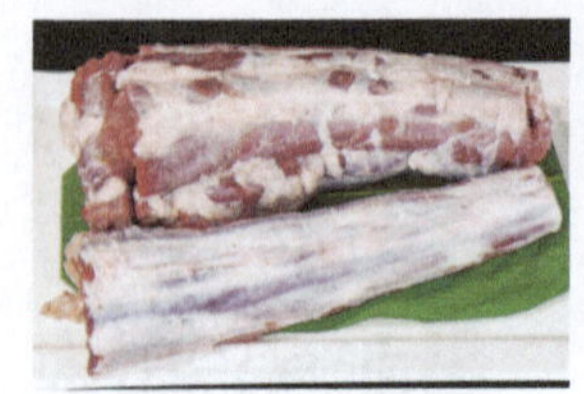

图 1-1-2 主料

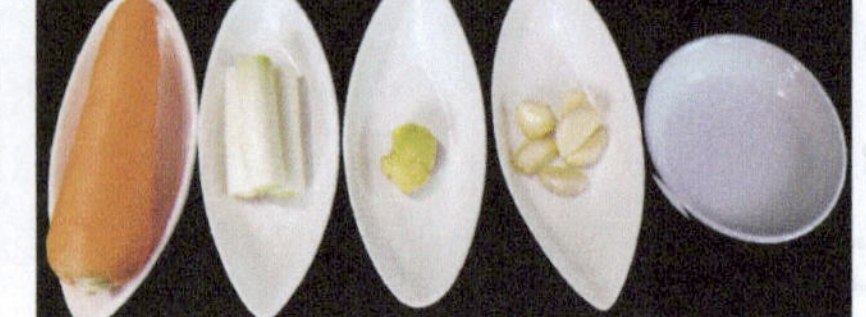

图 1-1-3 辅料

图 1-1-4 调味料

二、生产制作流程

刀工处理→浸泡香料→焯水→高压锅压制→熬制卤汁→烧制→调味→出锅装盘。

三、生产制作注意事项

（1）焯水时牛尾段最好凉水下锅，这样可以让牛尾里面的污物较好地析出。

（2）牛尾比较吃火，如果需要缩短烹饪加热时间又希望口感比较软糯的，建议使用高压锅来制作，既可以缩短加热时间，又能达到软糯口感。

四、依据步骤进行生产制作

步骤 1：将去皮牛尾按骨节切成段（见图 1-1-5），胡萝卜去皮切成滚刀块，生姜切片，蒜粒拍裂，大葱切斜刀片（见图 1-1-6），将香料用清水浸泡 3 分钟左右洗净捞出。

图 1-1-5 牛尾切段

图 1-1-6 辅料改刀成品

步骤 2：将清洗好的牛尾放进冷水锅中焯水，当汤面出现浮沫时用勺子将所有的浮沫撇干净（见图 1-1-7），然后加入料酒，继续煮至没有浮沫捞出，再放进温水中洗净。

步骤 3：将洗净的牛尾放进高压锅中，加入没过牛尾的清水，加入姜片 15g、葱片 40g、泡好的香料及精盐 10g 调味（见图 1-1-8），盖上盖子压制约 20 分钟捞出。

步骤 4：锅中放入大蒜、姜片和大葱片小火煸炒至微黄，然后加入甜面酱稍炒约 5 秒后加入黄酒和生抽，香气出来后加入压牛尾的原汤，大火烧开后改用小火熬制约 40 分钟后用漏勺捞出料渣（见图 1-1-9），留汁备用。

步骤 5：将初步处理好的食材放入酱汁中烧制（见图 1-1-10），待汁收少时用精盐、味精、白糖、胡椒粉、黄酒、老抽等调色调味，用水淀粉勾芡后淋上少许葱油稍翻后出锅，趁热上菜即可。

图 1-1-7　牛尾焯水

图 1-1-8　高压锅压制

图 1-1-9　捞出料渣

图 1-1-10　烧制调味

生产制作完成后，由你本人、你所在的小组其他成员和生产制作指导老师组成综合性评价小组，填写下列评价表。

评价项	评分项								比例	分值
	生产制作前		生产制作中			生产制作后		合计		
	资料查找 10%	项目分析 20%	原料准备 10%	生产规范 20%	成品质量 15%	清洁卫生 15%	实训报告 10%	100%		
自我评价									30%	
小组评价									30%	
老师评价									40%	
总　分									100%	

项目 2

砂锅白肉

项目目标

1. 搜集砂锅白肉的历史文化及传承等信息，并能恰当选用合格的原料。
2. 掌握砂锅白肉的烹调加工步骤、成品质量标准和安全操作注意事项。
3. 能依据“项目实施”做好各项准备，独立完成砂锅白肉的生产制作。

* * * * * *

项目分析

砂锅白肉（见图 1–2–1）具有“荤素搭配得当、肥而不腻、越吃越香”的特点，是北京十大经典名菜之一。此菜是由清朝皇帝的祭祖白肉演化而来的，在北京的饭店里都能看到这道菜的身影，也是家里招待亲朋好友的必备菜。为完成砂锅白肉的生产制作，传承砂锅白肉传统技艺，各学员不仅要做好相关准备，还应认真思考并回答完成此菜肴的生产制作涉及的几个核心问题。

图 1-2-1 砂锅白肉成品图

1. 制作此菜需要经过哪些操作流程？
2. 猪后臀肉的选用标准包括哪些？
3. 刀工处理时，“白肉”的切制标准是？
4. 调味方面上需要注意哪些？
5. 加工过程中如何控制火候？

* * * * * *

项目实施

一、主辅料及调味料准备

主辅料：猪后臀肉 1 块约 500g（见图 1–2–2）；酸菜 600g，粉丝 150g，海米 25g，香菜 10g，生姜 25g，水发香菇 4 个约 40g，香葱 25g（见图 1–2–3）。

调味料：高汤 600ml，精盐 6g，胡椒粉 2g，料酒 15ml，蘸料 60g（见图 1–2–4）。

图 1-2-2　主料

图 1-2-3　辅料

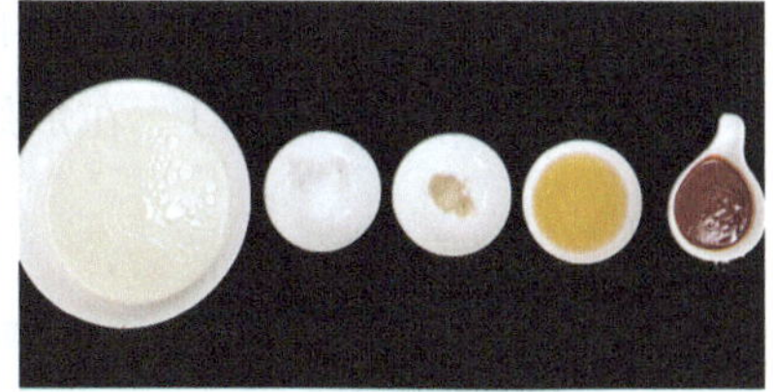

图 1-2-4　调味料

二、生产制作流程

刀工处理→猪肉焯水→涨发粉丝→浸泡海米→猪肉切片→炖制→关火上桌。

三、生产制作注意事项

（1）制作砂锅白肉时，煮肉的火候很关键，讲究要把肉煮至九成熟，而不是完全炖熟，然后捞出晾凉后再切成大片。

（2）砂锅白肉所用的肉，一般用肥瘦相间的硬肋五花肉或猪后臀肉。

（3）蘸料调制常用的原料有韭菜花酱、豆腐乳汁、辣椒油、芝麻酱、蚝油等。

四、依据步骤进行生产制作

步骤 1：将猪后臀肉皮朝下放在砧板上，用片刀从猪皮的一端下刀，将猪皮片下（见图 1-2-5），酸菜切成粗细均匀的丝，生姜切片，香葱的葱白部分切段，葱青部分留用，水发香菇切片（见图 1-2-6）。

图 1-2-5　片下猪皮

图 1-2-6　辅料改刀成品

步骤 2：将猪肉放入汤锅中，加入能没过猪肉的清水，加入姜片、葱青、料酒等原料，盖上锅盖煮 25 分钟至猪肉熟透后捞出（见图 1-2-7），自然放凉后放入冰箱冷藏约 2 小时。

步骤 3：将粉丝放入汤盆中，加入温水浸泡约 10 分钟至粉丝变软后即可捞出沥水。海米放进小碗中，加入温水浸泡约 10 分钟捞出，泡海米的水留下（见图 1-2-8）。

步骤 4：将冷藏好的猪肉放在砧板上，切成厚度约 0.2cm 大厚片（见图 1-2-9），然后放在平碟子中摆放整齐；高汤用精盐和胡椒粉调味待用。

步骤 5：砂锅中放少量油，然后将姜片、葱白段、香菇片、海米等爆香，放入切好的酸菜丝及粉丝，把肉片整齐地码放于砂锅中，再倒入调好味的高汤，最后倒入泡海米的原汤（见图 1-2-10），在炉灶上炖煮约 20 分钟关火，加入少许香菜，搭配蘸料趁热上菜。

图 1-2-7　猪肉焯水成品

图 1-2-8　海米沥水

图 1-2-9　猪肉切片

图 1-2-10　炖制

综合评价

生产制作完成后，由你本人、你所在的小组其他成员和生产制作指导老师组成综合性评价小组，填写下列评价表。

评价项	评分项								比例	分值
	生产制作前		生产制作中			生产制作后		合计		
	资料查找 10%	项目分析 20%	原料准备 10%	生产规范 20%	成品质量 15%	清洁卫生 15%	实训报告 10%	100%		
自我评价									30%	
小组评价									30%	
老师评价									40%	
总　分									100%	

项目 3

罾蹦鲤鱼

项目目标

1. 搜集罾蹦鲤鱼的历史文化及传承等信息，并能恰当选用合格的原料。
2. 掌握罾蹦鲤鱼的烹调加工步骤、成品质量标准和安全操作注意事项。
3. 能依据“项目实施”做好各项准备，独立完成罾蹦鲤鱼的生产制作。

* * * * * *

项目分析

罾蹦鲤鱼（见图 1-3-1）具有“鳞骨酥脆、肉质鲜嫩、大酸大甜、香味四溢”的特点，是天津十大经典名菜之一。此菜是天津人家庭聚会时必点的菜，尤其是在大的年节。除了好吃以外，这道菜也有很吉利的寓意，寓意着逆流前进，奋发向上，祝愿看到或者吃到这道菜的人有一个更好的前途。为完成罾蹦鲤鱼的生产制作，传承罾蹦鲤鱼传统技艺，各学员不仅要做好相关准备，还应认真思考并回答完成此菜肴的生产制作涉及的几个核心问题。

1. 查询资料，进一步了解此菜的历史文化背景。
2. 鲜活鲤鱼的质量标准是什么？
3. 初加工时，对鲤鱼的刀工处理方式有什么要求？
4. 各种“醋”的特点是什么？
5. 炸制鲤鱼所需要的油温在什么范围？

图 1-3-1 罾蹦鲤鱼成品图

* * * * * *

项目实施

一、主辅料及调味料准备

主辅料：鲜活鲤鱼 1 条约 750g（见图 1-3-2）；大葱 1 段 30g，生姜 20g，蒜粒 15g，生粉 50g（见图 1-3-3）。

调味料：香醋 50ml，陈醋 50ml，白醋 50ml，料酒 30ml，精盐 3g，白糖 200g，花

椒油 4ml（见图 1-3-4）。

图 1-3-2 主料

图 1-3-3 辅料

图 1-3-4 调味料

二、生产制作流程

宰杀鲤鱼→“三丝”切制→调制味汁→调制淀粉糊→鱼身挂糊拍粉→炸制鲤鱼→熬制糖醋汁→淋汁成菜。

三、生产制作注意事项

（1）初加工时，需要保留鱼鳞。

（2）此菜是趴在碟子上的，而不是头扬尾巴翘立在碟子上的，所以在处理鱼的时候要沿着鱼脊柱骨将两侧肋骨切断，脊柱骨也需要用刀断开两到三刀。

（3）上桌时才能浇汁，要的是汤汁浇在鱼身上发出滋滋响声的效果。

四、依据步骤进行生产制作

步骤 1：将鲤鱼去鳃、内脏后洗净，贴着脊柱骨两侧切断肋骨（见图 1-3-5），再在脊柱骨中间剁两刀，在鱼头底部劈一刀，使鱼头和鱼腹向两侧敞开，能伏卧盘中（见图 1-3-6）。

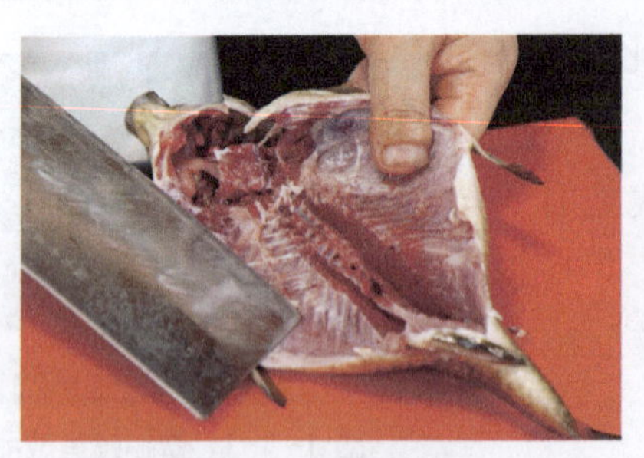
图 1-3-5 切断肋骨

图 1-3-6 刀工后成品

步骤 2：将大葱放在砧板上，剖开后切细丝，生姜先切片后再切细丝，蒜粒切片后再切丝（见图 1-3-7），确保“三丝”粗细均匀。

步骤 3：汤碗中加入香醋、陈醋、白醋、精盐、料酒及白糖调成糖醋汁，用一半的生粉加清水，调成淀粉糊，然后均匀地抹在鱼鳞上，再在鱼腹部均匀地撒上干淀粉（见图 1-3-8）。

步骤 4：炒锅置旺火上，加花生油烧至七成油温时，将鱼腹贴锅，慢慢放入油锅中炸制，炸制过程不断往鱼身上浇热油，适当翻面，炸至酥香后捞起，伏卧在盘中（见图 1-3-9）。

步骤 5：炒锅烧热后放入适量的食用油烧至六成热，放入葱丝、姜丝、蒜丝炒香，加入调制好的糖醋汁熬至白糖溶化，用少许湿淀粉调成玻璃芡，淋入花椒油后盛入汤碗中，与炸好的鱼一起上桌，再淋在鱼身上（见图 1-3-10）。

图 1-3-7　“三丝”成品

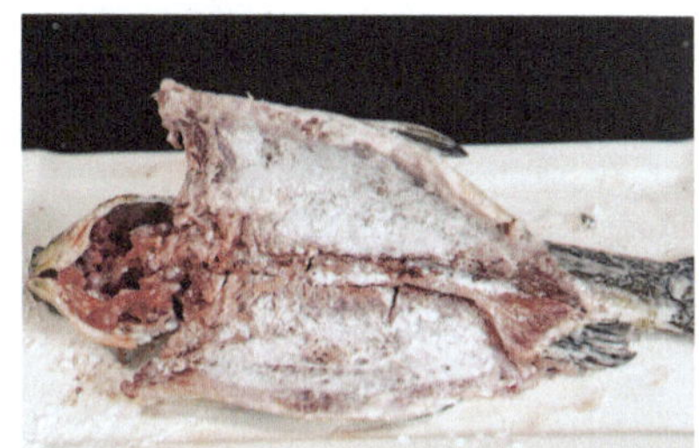

图 1-3-8　鱼身挂糊拍粉

图 1-3-9　炸制成品

图 1-3-10　浇淋酱汁

综合评价

生产制作完成后，由你本人、你所在的小组其他成员和生产制作指导老师组成综合性评价小组，填写下列评价表。

评价项	评分项								比例	分值
	生产制作前		生产制作中			生产制作后		合计		
	资料查找 10%	项目分析 20%	原料准备 10%	生产规范 20%	成品质量 15%	清洁卫生 15%	实训报告 10%	100%		
自我评价									30%	
小组评价									30%	
老师评价									40%	
总　分									100%	

项目 4

煎烹大虾

项目目标

1. 搜集煎烹大虾的历史文化及传承等信息，并能恰当选用合格的原料。
2. 掌握煎烹大虾的烹调加工步骤、成品质量标准和安全操作注意事项。
3. 能依据“项目实施”做好各项准备，独立完成煎烹大虾的生产制作。

* * * * * *

项目分析

煎烹大虾（见图 1–4–1）具有“色形美观、油汁明亮、咸鲜而甜、香美无比”的特点，是天津十大经典名菜之一。此菜是天津菜中的大菜，突出了津菜烹制海鲜的特色，由于采用“煎烹”技法，可使主料直接与炒锅接触受热，保持大虾的原汁、原色、原味，使其色泽更为艳红，味道更加鲜醇。尤其是用葱、姜、蒜炝锅，味道更好，更突出体现了津菜擅烹河海两鲜的特色。为完成煎烹大虾的生产制作，传承煎烹大虾传统技艺，各学员不仅要做好相关准备，还应认真思考并回答完成此菜肴的生产制作涉及的几个核心问题。

图 1–4–1　煎烹大虾成品图

1. 制作该菜的主料——“大虾”有什么要求？
2. 初加工时，如何处理大虾？
3. 煎制大虾时，如何控制火候？
4. 查询资料，了解此菜的烹饪特色。

* * * * * *

项目实施

一、主辅料及调味料准备

主辅料：大虾 10 只约 750g（见图 1–4–2）；大葱 1 段约 15g，生姜 1 块约 10g，大蒜 2 粒约 8g，香菜 2 小支约 10g（见图 1–4–3）。

调味料：鲜汤 200ml，精盐 3g，白糖 25g，黄酒 15ml，香醋 8ml，花椒油 7ml（见图 1–4–4）。

图 1-4-2　主料

图 1-4-3　辅料

图 1-4-4　调味料

二、生产制作流程

宰杀大虾→切制“三丝”→煎制大虾→调制酱汁→焖制→出锅装盘。

三、生产制作注意事项

（1）选料时应选用鲜活大虾，方能确保虾肉富有弹性。

（2）大虾初加工时需要将虾线清理干净，不可有残留的污物影响成菜质量。

（3）要掌握煎虾的火候，避免煎老、煎煳。

（4）要旺火收浓汤汁，使汁明油亮，不能用淀粉勾芡。

四、依据步骤进行生产制作

步骤 1：将大虾剪去虾脚、虾枪、虾须后再剪开虾背，挑出虾线（见图 1–4–5），掐去尾刺，然后将大虾放入清水中漂洗干净后捞出（见图 1–4–6），擦干表面水分。

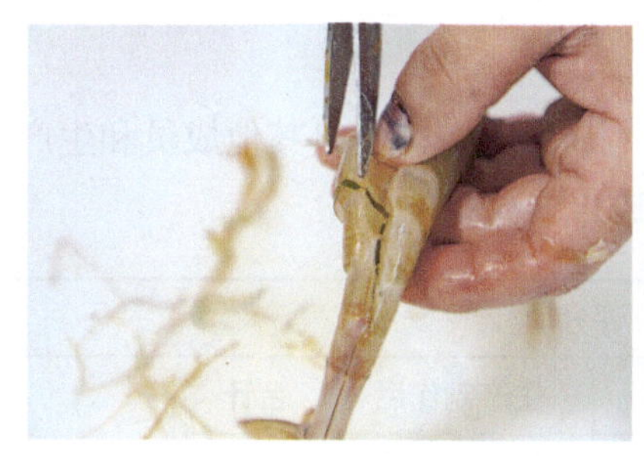
图 1-4-5　挑出虾线

图 1-4-6　漂洗后捞出

步骤 2：将大葱放在砧板上，剖开后切细丝，生姜先切片后再切细丝，蒜粒切片后再切丝（见图 1–4–7），确保“三丝”粗细均匀。

步骤 3：炒锅置旺火上，放入少许底油，烧至七成热，将大虾并排入锅（见图 1–4–8），一边用热油煎，一边用手勺轻压虾身，反复翻动，使虾的身体与锅面保持接触。

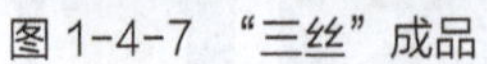
图 1-4-7 “三丝”成品

图 1-4-8 煎制大虾

步骤 4：待虾身煎至焦黄色时，再用手勺轻压虾头，煸出虾黄，煎出红汁后盛出。准备小碗 1 个，放入鲜汤、精盐、白糖、黄酒、香醋搅拌均匀即成复合调味酱汁（见图 1-4-9）。

步骤 5：另起锅加热，放入底油，将“三丝”放入锅中小火爆香，加入调制好的酱汁煮至沸腾后放入煎好的大虾（见图 1-4-10），加盖焖制，待汤汁浓稠淋入明油稍翻后淋入花椒油，将大虾整齐地摆放在盛器中，然后将剩余的汁浇大虾上，点缀上少许香菜即可。

图 1-4-9 调制酱汁

图 1-4-10 焖制大虾

综合评价

生产制作完成后，由你本人、你所在的小组其他成员和生产制作指导老师组成综合性评价小组，填写下列评价表。

评价项	评分项								比例	分值
	生产制作前		生产制作中			生产制作后		合计		
	资料查找 10%	项目分析 20%	原料准备 10%	生产规范 20%	成品质量 15%	清洁卫生 15%	实训报告 10%	100%		
自我评价									30%	
小组评价									30%	
老师评价									40%	
总 分									100%	

项目 5

锅包肘子

项目目标

1. 搜集锅包肘子的历史文化及传承等信息，并能恰当选用合格的原料。
2. 掌握锅包肘子的烹调加工步骤、成品质量标准和安全操作注意事项。
3. 能依据“项目实施”做好各项准备，独立完成锅包肘子的生产制作。

* * * * * *

项目分析

锅包肘子（见图 1-5-1）具有“表皮酥脆、肉皮软糯、肉质干香、入口酥、落口香”的特点，是河北十大经典名菜之一。为完成锅包肘子的生产制作，传承锅包肘子传统技艺，各学员不仅要做好相关准备，还应认真思考并回答完成此菜肴的生产制作涉及的几个核心问题。

图 1-5-1　锅包肘子成品图

1. 猪肘子的选料标准是什么？
2. 如何清洗猪肘子才能更好地去除异味？
3. “脆皮糊”调制技术标准是什么？
4. 炸制锅包肘子时油温应控制在什么范围？
5. 装盘时需要注意什么？

* * * * * *

项目实施

一、主辅料及调味料准备

主辅料：肘子 1 个约 1000g（见图 1-5-2）；红薯淀粉 50g，玉米淀粉 200g，面皮 20 张，黄瓜 1 节，大葱 3 节，老姜 25g（见图 1-5-3）。

调味料：精盐 15g，料酒 20ml，甜面酱 75g，生抽 40ml，花椒面 15g，香料包 1 个（内有丁香 3g、八角 4g、桂皮 1 小块、花椒 5g、香叶 2 片、白芷 1 个、白蔻 3 个、肉蔻 1 个），见图 1-5-4。

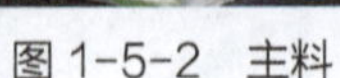

图 1-5-2 主料

图 1-5-3 辅料

图 1-5-4 调味料

二、生产制作流程

刀工处理→高压锅压制→调糊→手撕、挂糊→炸制→改刀→配辅料、调味料上桌。

三、生产制作注意事项

（1）肘子可放在火上烧至皮焦黄后入清水中刮洗干净，以去除腥味。

（2）调制淀粉糊时红薯淀粉和玉米淀粉的比例要恰当，可加入适量煮肘子的原汤，这样味道更好；也可采用“生熟参半”的方式调制，挂糊时会更薄、更细腻。

（3）采取复炸的方式炸制，油温升至八成热时捞起，避免肘子在低油温状态下吸入过多油。

四、依据步骤进行生产制作

步骤 1：将肘子放在砧板上，从肘子一侧切开至骨头处（见图 1–5–5），老姜切片，大葱一半切 2cm 的段，用熟食砧板将另一半大葱切成粗丝，黄瓜去皮后切成粗丝（见图 1–5–6）。

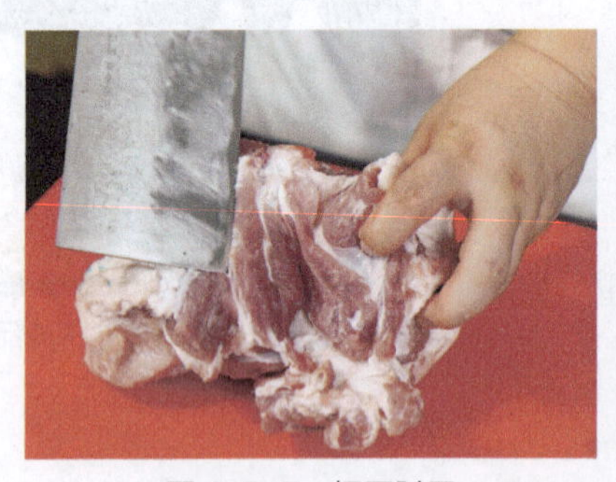

图 1-5-5 切开肘子

图 1-5-6 蔬菜刀工成型

步骤 2：将肘子放入高压锅中，加水没过肘子，待水沸腾后，撇去浮沫，然后放入香料包、葱段、姜片、精盐、面酱、生抽、料酒等后加盖压制 25 分钟左右至肉软糯捞出（见图 1–5–7）。

步骤 3：将红薯淀粉、玉米淀粉搅拌均匀后加入适量水调制成淀粉糊（见图 1–5–8）。

步骤 4：将肘子去除骨头后，把肉撕成条，肘皮单放。在撕好的肉中加入调制好的淀粉糊，搅拌均匀，取盘子一个，盘底涂抹少量食用油，将挂好糊的肉条放入盘子中制成饼状，将肘皮铺在肉表面，再将表面涂抹上调好的淀粉糊（见图 1–5–9）。

步骤 5：锅烧热后放 2L 左右食用油，待油温升至六成热时，将盘中挂好糊的肘子肉缓慢推入锅中炸透后捞出，待油温升至八成热时进行复炸，炸至表面酥脆时捞出，放在熟食砧板上切成条（见图 1–5–10），配上花椒面、面皮、黄瓜条、葱条、面酱等上桌即成。

图 1-5-7　高压锅压制成品

图 1-5-8　调制淀粉糊

图 1-5-9　挂糊

图 1-5-10　成品改刀

综合评价

生产制作完成后，由你本人、你所在的小组其他成员和生产制作指导老师组成综合性评价小组，填写下列评价表。

<table>
<tr><th rowspan="3">评价项</th><th colspan="8">评分项</th><th rowspan="3">比例</th><th rowspan="3">分值</th></tr>
<tr><th colspan="2">生产制作前</th><th colspan="3">生产制作中</th><th colspan="2">生产制作后</th><th>合计</th></tr>
<tr><th>资料查找10%</th><th>项目分析20%</th><th>原料准备10%</th><th>生产规范20%</th><th>成品质量15%</th><th>清洁卫生15%</th><th>实训报告10%</th><th>100%</th></tr>
<tr><td>自我评价</td><td></td><td></td><td></td><td></td><td></td><td></td><td></td><td></td><td>30%</td><td></td></tr>
<tr><td>小组评价</td><td></td><td></td><td></td><td></td><td></td><td></td><td></td><td></td><td>30%</td><td></td></tr>
<tr><td>老师评价</td><td></td><td></td><td></td><td></td><td></td><td></td><td></td><td></td><td>40%</td><td></td></tr>
<tr><td colspan="9">总　分</td><td>100%</td><td></td></tr>
</table>

项目 6

烩南北

项目目标

1. 搜集烩南北的历史文化及传承等信息，并能恰当选用合格的原料。
2. 掌握烩南北的烹调加工步骤、成品质量标准和安全操作注意事项。
3. 能依据“项目实施”做好各项准备，独立完成烩南北的生产制作。

* * * * * *

项目分析

烩南北（见图 1-6-1）又称烧南北，具有“鲜香浓郁、醇香可口、味道独特”的特点，是河北十大经典名菜之一。2022 年此菜被列入北京冬奥会张家口赛区的“崇礼菜单”，曾出现在《舌尖上的中国》第二季中的第五集《相逢》。为完成烩南北的生产制作，传承烩南北传统技艺，各学员不仅要做好相关准备，还应认真思考并回答完成此菜肴的生产制作涉及的几个核心问题。

图 1-6-1　烩南北成品图

1. “南”和“北”分别指代什么原料？
2. 如何泡发“干口蘑”？
3. 如何将“干冬笋”涨发使之回软？
4. 调味方面需要注意哪些？

* * * * * *

项目实施

一、主辅料及调味料准备

主辅料： 干口蘑 50g，干冬笋 150g（见图 1-6-2）；大葱 1 段约 50g，红尖椒 1 个，绿尖椒 1 个（见图 1-6-3）。

调味料： 精盐 3g，料酒 5ml，老抽 2ml，高汤 500ml，鸡汤 100ml，水淀粉 12g，熟鸡油 15g，胡麻油 20ml（见图 1-6-4）。

图 1-6-2　主料

图 1-6-3　辅料

图 1-6-4　调味料

二、生产制作流程

涨发口蘑→清洗与刀工处理→煨制冬笋→烩制→调味→出锅装盘。

三、生产制作注意事项

（1）干口蘑要用开水焖发，其香味更为突出，颜色也能得到保证；焖发后再用清水顺时针方向搅拌数遍，去净泥沙；首次焖发的原汤要留下备用。

（2）干冬笋一定要清洗干净，要单独煨制泡发后的干冬笋，其目的是能够更好地去除杂质和草酸，提升食用价值，还能增鲜。

四、依据步骤进行生产制作

步骤 1：将干口蘑放进汤盆中，加入没过干口蘑的开水后，盖上盖子焖发，焖发约 3 小时后即可捞出（见图 1-6-5），然后放进清水中反复顺时针搅拌，以进一步去除泥沙；焖发干口蘑的原汤澄清后留下备用（见图 1-6-6）。

图 1-6-5　捞出焖发的干口蘑

图 1-6-6　焖发干口蘑原汤

步骤 2：将干冬笋放进汤盆中，倒入淘米水将其浸泡，然后移入冰箱冷藏涨发，浸泡约 72 小时后捞出（见图 1-6-7），清洗干净备用。

步骤 3：将发好的干口蘑片成片，发好的干冬笋也片成片（见图 1-6-8），红尖椒、绿尖椒、大葱分别切成斜刀片备用。

步骤 4：锅中倒入高汤，锅中放入冬笋片（见图 1-6-9），加少许精盐煨透捞出；另起锅烧热后放少量胡麻油，然后放入葱片煸炒至焦黄后捞出，放入煨制好的冬笋片及口蘑片，加入鸡汤及适量泡发口蘑原汤，用精盐、老抽调味、调色后烩制。

步骤 5：烩制约 5 分钟后，放入红、绿尖椒片略微翻炒（见图 1-6-10），放入适量水淀粉勾芡晃锅，使汤汁均匀地包裹在原料上，收汁后淋入鸡油翻炒均匀即可出锅装盘。

图 1-6-7　泡发冬笋

图 1-6-8　口蘑和冬笋改刀成品

图 1-6-9　煨制冬笋

图 1-6-10　翻炒

综合评价

生产制作完成后，由你本人、你所在的小组其他成员和生产制作指导老师组成综合性评价小组，填写下列评价表。

评价项	评分项								比例	分值
	生产制作前		生产制作中			生产制作后		合计		
	资料查找 10%	项目分析 20%	原料准备 10%	生产规范 20%	成品质量 15%	清洁卫生 15%	实训报告 10%	100%		
自我评价									30%	
小组评价									30%	
老师评价									40%	
总　分									100%	

项目 7

山西过油肉

项目目标

1. 搜集山西过油肉的历史文化及传承等信息，并能恰当选用合格的原料。
2. 掌握山西过油肉的烹调加工步骤、成品质量标准和安全操作注意事项。
3. 能依据“项目实施”做好各项准备，独立完成山西过油肉的生产制作。

* * * * * *

项目分析

山西过油肉（见图 1-7-1）具有“色泽酱红、口味酸辣可口、香而不腻、色泽金黄鲜艳”的特点，是山西十大经典名菜之一。此菜具有浓厚的山西地方特色，号称“三晋一味”，各地做法不一。较著名的有太原、阳泉、晋城过油肉。晋城的“大米过油肉”，特色是多汤水，搭配米饭一起吃堪称一绝。为完成山西过油肉的生产制作项目，传承山西过油肉传统技艺，各学员不仅要做好相关准备，还应认真思考并回答完成此菜肴的生产制作涉及的几个核心问题。

1. 查询资料，进一步了解此菜的风味特点是什么。
2. 查询资料，弄清“过油”操作技法、操作要点是什么。
3. 刀工处理时，主料的处理规格标准是什么？
4. 调味时放入“醋”时需要注意什么？

图 1-7-1　山西过油肉成品图

* * * * * *

项目实施

一、主辅料及调味料准备

主辅料：猪瘦肉 450g（见图 1-7-2）；青椒 1 个，红椒 1 个，大葱 150g，水发木耳 50g，生姜 25g，蒜粒 10g，鸡蛋清 25g，玉米淀粉 20g（见图 1-7-3）。

调味料：八角 5g，花椒 2g，生抽 10ml，老抽 3ml，精盐 3g，白糖 13g，香醋 13ml，白胡椒粉 1g（见图 1–7–4）。

图 1-7-2　主料

图 1-7-3　辅料

图 1-7-4　调味料

二、生产制作流程

刀工处理→准备“料水”→兑调味汁→挂糊→滑油→炒制→调味→出锅装盘。

三、生产制作注意事项

（1）猪瘦肉可以选用里脊肉或梅头肉。

（2）此菜以油传热，因过油而名，火候对此菜最为重要，是成败的关键。过油时油温要求 165℃左右，此时效果最佳。

（3）加醋时间与方法是关键点，最好是在下肉片的时候从锅边加醋，高温烹炒的过程中能让醋酸变成醋香，很大程度提升这道菜的香味。

四、依据步骤进行生产制作

步骤 1：将猪瘦肉放在砧板上切成 0.2cm 厚的片，青椒和红椒分别剖开后去籽切成菱形片，大葱切成 0.5cm 厚的斜刀片，水发木耳切成与肉片大小一致的片（见图 1–7–5），生姜切菱形片，蒜粒切指甲片（见图 1–7–6）。

图 1-7-5　蔬菜改刀成型

图 1-7-6　姜蒜改刀成型

步骤 2：将八角、花椒、15g 姜片、20g 大葱片用 60ml 热水浸泡约 30 分钟，之后过滤（见图 1–7–7）；准备小碗一个，放入 40ml 料水，加入生抽、老抽及玉米淀粉搅拌均匀。

步骤 3：将肉片放入清水中漂洗净血污后挤干水分，加入料水、精盐等抓拌均匀，放入生抽、老抽、白胡椒粉、鸡蛋清、玉米淀粉继续抓拌均匀后放入食用油抓匀（见

图 1-7-8）。

图 1-7-7　过滤“料水”

图 1-7-8　腌制肉片

步骤 4：将锅烧热后放入约 1.5L 食用油，烧至五成热时放入肉片迅速滑散，加入青红椒片滑油（见图 1-7-9），约 5 秒钟后倒入装有大葱和木耳的漏勺中。

步骤 5：另起锅，烧热后加入少许油润锅，加入姜蒜片炒出香味，倒入控净油的主辅料，沿锅边淋入 5ml 香醋，使用大火翻炒均匀（见图 1-7-10），倒入调好的料汁，再次用大火翻炒均匀后淋入剩余的香醋，稍翻后淋入葱油翻炒均匀即可装盘。

图 1-7-9　滑油

图 1-7-10　炒制

生产制作完成后，由你本人、你所在的小组其他成员和生产制作指导老师组成综合性评价小组，填写下列评价表。

<table>
<tr><th rowspan="3">评价项</th><th colspan="8">评分项</th><th rowspan="3">比例</th><th rowspan="3">分值</th></tr>
<tr><th colspan="2">生产制作前</th><th colspan="3">生产制作中</th><th colspan="2">生产制作后</th><th>合计</th></tr>
<tr><th>资料查找 10%</th><th>项目分析 20%</th><th>原料准备 10%</th><th>生产规范 20%</th><th>成品质量 15%</th><th>清洁卫生 15%</th><th>实训报告 10%</th><th>100%</th></tr>
<tr><td>自我评价</td><td></td><td></td><td></td><td></td><td></td><td></td><td></td><td></td><td>30%</td><td></td></tr>
<tr><td>小组评价</td><td></td><td></td><td></td><td></td><td></td><td></td><td></td><td></td><td>30%</td><td></td></tr>
<tr><td>老师评价</td><td></td><td></td><td></td><td></td><td></td><td></td><td></td><td></td><td>40%</td><td></td></tr>
<tr><td colspan="9">总　分</td><td>100%</td><td></td></tr>
</table>

项目 8

酱梅肉荷叶饼

项目目标

1. 搜集酱梅肉荷叶饼的历史文化及传承等信息，并能恰当选用合格的原料。
2. 掌握酱梅肉荷叶饼的烹调加工步骤、成品质量标准和安全操作注意事项。
3. 能依据“项目实施”做好各项准备，独立完成酱梅肉荷叶饼的生产制作。

******

项目分析

酱梅肉荷叶饼（见图 1-8-1）具有“色泽酱红、不柴不腻、香烂醇厚”的特点，是山西十大经典名菜之一。此菜属于晋中菜，是晋商庄菜的代表菜，称为晋式第三蒸，因酱豆腐汁和五花肉相蒸去腥去腻而得名。此菜也是晋中八碗八碟宴席的重要组成部分。在过去只有过年或是宴席上才能吃到，现在随时都可以吃到。为完成酱梅肉荷叶饼的生产制作，传承酱梅肉荷叶饼传统技艺，各学员不仅要做好相关准备，还应认真思考并回答完成此菜肴的生产制作涉及的几个核心问题。

1. 制作此菜，宜选用什么样的“五花肉”？
2. 上菜时有哪些方面需要注意？
3. 刀工处理五花肉时，采用的处理标准是什么？
4. 此菜采用什么烹调方法成菜，成菜标准是什么？
5. 调味时需要注意哪些内容？

图 1-8-1　酱梅肉荷叶饼成品图

******

项目实施

一、主辅料及调味料准备

主辅料： 优质五花肉 1 块约 600g（见图 1-8-2）；荷叶饼 12 个，大葱 2 节约 60g，黄瓜 1 节约 100g，生姜 1 块约 25g，香葱 20g（见图 1-8-3）。

调味料：精盐 2g，料酒 20ml，八角 7g，花椒 10g，五香粉 2g，酱豆腐 80g，排骨酱 30g（见图 1–8–4）。

图 1-8-2　主料

图 1-8-3　辅料

图 1-8-4　调味料

二、生产制作流程

刀工处理→浸泡花椒→五花肉焯水→调制酱汁→五花肉切片→装入扣碗→蒸制→扣入盛菜碟→淋汁成菜。

三、生产制作注意事项

（1）五花肉应选用肥瘦相间的“硬五花”为佳。

（2）调制酱汁时，因酱豆腐和排骨酱都有一定的咸味，因此需要注意盐的用量。

（3）蒸制时需要用保鲜膜将扣碗进行密封，以防止蒸汽凝结后滴入扣碗中导致口味变化。

（4）蒸制时间应足够，应使肉达到不柴不腻、香烂醇厚的标准。

四、依据步骤进行生产制作

步骤 1：将大葱 1 节切成约 0.3cm 厚的斜刀片，取 10g 生姜切成细丝，15g 生姜切片（见图 1–8–5），另用熟食砧板将剩余的 2 节大葱切成细丝，黄瓜切成二粗细（见图 1–8–6），花椒用 40ml 温水浸泡成花椒水。

图 1-8-5　辅料 1

图 1-8-6　辅料 2

步骤 2：将五花肉放入汤锅中，加入没过肉的清水，放入生姜片、大葱片、花椒和料酒，大火煮至沸腾后转小火煮制约 30 分钟捞出晾凉（见图 1–8–7）。

步骤 3：准备一个小碗，放入酱豆腐、排骨酱、花椒水后将酱豆腐搅碎，然后加入精盐和五香粉搅拌均匀，做好酱汁。将放凉的五花肉放在砧板上切成 0.5cm 厚的片（见

图 1-8-8）。

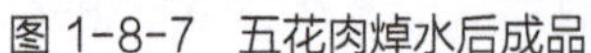

图 1-8-7　五花肉焯水后成品

图 1-8-8　五花肉切片

步骤 4：五花肉放入小盆中，加入姜丝、酱汁拌匀，再将拌好的肉摆放于扣碗中，码好后将剩余的酱汁倒入扣碗中，放上八角和大葱片 10g（见图 1-8-9），用保鲜膜密封好。

步骤 5：待蒸锅上汽后将扣碗放进蒸锅中蒸制约 50 分钟后放入荷叶饼一起蒸制 10 分钟，至肉软糯取出，滗出汤汁（见图 1-8-10），然后扣入盛器内。滗出的汤汁倒在锅里，大火加热至汤汁黏稠后淋在肉片上，荷叶饼摆放在盛器中，搭配上大葱丝和黄瓜丝即可。

图 1-8-9　装入扣碗中

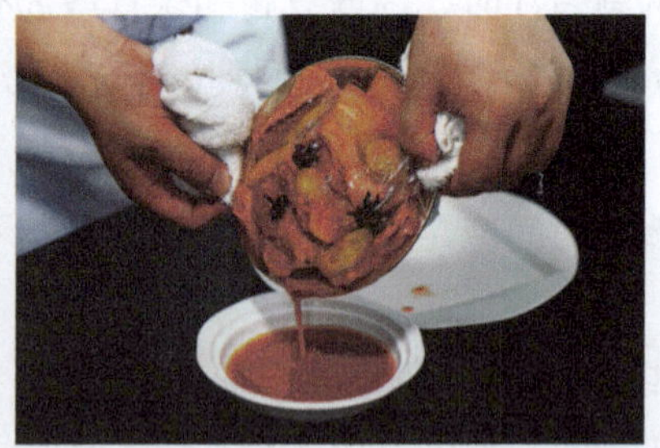

图 1-8-10　滗出汤汁

综合评价

生产制作完成后，由你本人、你所在的小组其他成员和生产制作指导老师组成综合性评价小组，填写下列评价表。

评价项	评分项								比例	分值
	生产制作前		生产制作中			生产制作后		合计		
	资料查找 10%	项目分析 20%	原料准备 10%	生产规范 20%	成品质量 15%	清洁卫生 15%	实训报告 10%	100%		
自我评价									30%	
小组评价									30%	
老师评价									40%	
总　分									100%	

项目 9

金汤滋补牛尾

项目目标

1. 搜集金汤滋补牛尾的历史文化及传承等信息，并能恰当选用合格的原料。
2. 掌握金汤滋补牛尾的烹调加工步骤、成品质量标准和安全操作注意事项。
3. 能依据“项目实施”做好各项准备，独立完成金汤滋补牛尾的生产制作。

******

项目分析

金汤滋补牛尾（见图 1-9-1）具有“色泽金黄、口味咸鲜可口、香而不腻、色泽诱人”的特点，是内蒙古十大经典名菜之一，也是蒙餐中的一道创新的新蒙餐代表菜。新蒙餐就是在传统的蒙餐基础上，借鉴现代先进科学的烹调手法和工具，制作融食、饮、乐、礼、歌、境、情、器于一身的民族特色浓郁、文化氛围浓厚的全新草原饮食文化。为完成金汤滋补牛尾的生产制作，传承金汤滋补牛尾传统技艺，各学员不仅要做好相关准备，还应认真思考并回答完成此菜肴的生产制作涉及的几个核心问题。

1. 查询资料，了解金汤滋补牛尾的风味特点。
2. 选料上有什么特别的要求？
3. 刀工处理时，各用料的规格标准是什么？
4. 如何去除牛尾的腥膻味？
5. 牛尾焯水后清洗的注意事项是什么？

图 1-9-1　金汤滋补牛尾成品图

******

项目实施

一、主辅料及调味料准备

主辅料：鲜牛尾 950g（见图 1-9-2）；西芹 100g，南瓜 100g，洋葱 100g，老蒜 50g，老姜 50g，大葱 50g，胡萝卜 100g，枸杞 10g，菜心 50g（见图 1-9-3）。

调味料：藏红花汁 10g，花椒 5g，八角 5g，小茴香 5g，党参 20g，香叶 5g，白芷 3g，料酒 30g，白糖 5g，精盐 10g，黄油 5g（见图 1-9-4）。

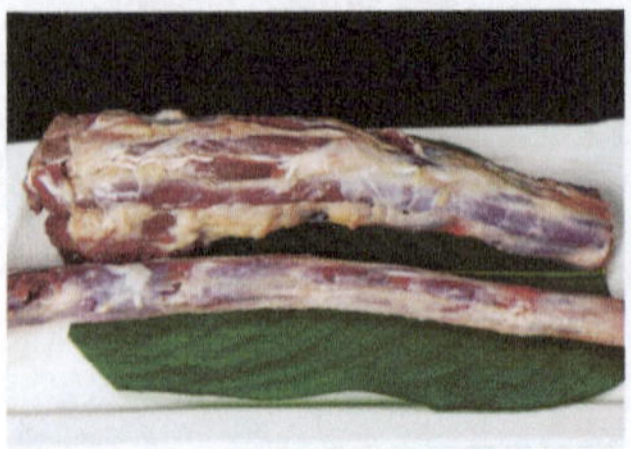

图 1-9-2　主料

图 1-9-3　辅料

图 1-9-4　调味料

二、生产制作流程

刀工处理→焯水→兑调味汁→炖制→调味→出锅装盘。

三、生产制作注意事项

（1）应选择色泽红亮、断面有奶白色的脂肪和深红色的肉，肉和骨头的比例相同。

（2）牛尾的腥臊味比较重，加工时可以通过清水浸泡、焯水、加姜等方式去腥臊。

（3）牛尾焯水出锅后宜用温水浸泡清洗，这样成品才容易入味，口感会更软糯。

四、依据步骤进行生产制作

步骤 1：将鲜牛尾斩成块用冷水浸泡（见图 1-9-5），西芹切滚刀块，洋葱切块，胡萝卜切块，大葱切段，老姜切片，老蒜去尾后拍裂，枸杞用清水泡发，党参切成 5cm 左右的段，南瓜切块（见图 1-9-6）。

图 1-9-5　牛尾泡水

图 1-9-6　辅料改刀成品

步骤 2：锅中加入水，放入牛尾焯水，待水面出现浮沫时，用手勺撇去，待浮沫变少时即可捞出用温水冲洗干净（见图 1-9-7），原汤留下备用。

步骤 3：将切好的南瓜放进蒸笼中蒸熟，取出后放在砧板上压成南瓜泥（见图 1-9-8）。

步骤 4：锅洗干净后加入清水开火，加入焯好水的牛尾，下姜片、葱段、裂蒜、花椒、八角、香叶、小茴香、白芷、芹菜、洋葱、胡萝卜、精盐、白糖和料酒小火炖制 3 小时左右，待肉烂但不脱骨时捞出（见图 1-9-9），菜心焯水至熟。

步骤 5：锅烧热，放黄油，加入炖牛尾的原汤，加南瓜泥、藏红花汁，调制成金黄色的汤汁，再把牛尾和党参放入锅中（见图 1-9-10），稍煮后即可装盘，然后搭配菜心和枸杞，趁热上桌即可。

图 1-9-7　温水冲洗

图 1-9-8　压成南瓜泥

图 1-9-9　捞出牛尾

图 1-9-10　金汤煮制

综合评价

生产制作完成后，由你本人、你所在的小组其他成员和生产制作指导老师组成综合性评价小组，填写下列评价表。

评价项	评分项									
	生产制作前		生产制作中			生产制作后		合计	比例	分值
	资料查找 10%	项目分析 20%	原料准备 10%	生产规范 20%	成品质量 15%	清洁卫生 15%	实训报告 10%	100%		
自我评价									30%	
小组评价									30%	
老师评价									40%	
总　分									100%	

项目 10

烤羊脊

项目目标

1. 搜集烤羊脊的历史文化及传承等信息，并能恰当选用合格的原料。
2. 掌握烤羊脊的烹调加工步骤、成品质量标准和安全操作注意事项。
3. 能依据“项目实施”做好各项准备，独立完成烤羊脊的生产制作。

******

项目分析

烤羊脊（见图 1–10–1）具有“色泽金黄，外脆里嫩”的特点，是内蒙古十大经典名菜之一。烤羊脊也叫烤羊背，是一道传统蒙餐代表菜，配以多种佐料，经过精准选料，精工细作，完美体现出了蒙餐的豪放大气。烤羊脊是草原文化筵席当中的极品菜肴，是宴请重要宾客的必选菜肴，体现了待客为尊的豪迈之情。为完成烤羊脊的生产制作，传承烤羊脊传统技艺，各学员不仅要做好相关准备，还应认真思考并回答完成此菜肴的生产制作涉及的几个核心问题。

1. 查询资料，了解烤羊脊菜肴的风味特点。
2. 了解“烤”制技法的运用特点。
3. 如何选用优质的“羊脊”？
4. 装盘方面有什么特别要求？

图 1–10–1 烤羊脊成品图

******

项目实施

一、主辅料及调味料准备

主辅料： 苏尼特三岁羊脊 1000g（见图 1–10–2）；西芹 150g，白洋葱 150g，蒜粒 60g，生姜 60g，大葱 200g，胡萝卜 150g，黄瓜 200g（见图 1–10–3）。

调味料： 当归 5g，黄芪 5g，花椒 5g，辣椒段 5g，小茴香 5g，香叶 5g，白芷 3g，料酒 30g，白糖 10g，精盐 15g，香其酱 30g，蒜蓉酱 30g，脆皮水 120ml

（见图 1-10-4）。

图 1-10-2　主料

图 1-10-3　辅料

图 1-10-4　调味料

二、生产制作流程

清洗羊脊→蔬菜改刀→炒制酱料→煮制羊脊→刷脆皮水→晾干表面水分→入烤箱烘烤→搭配辅料、酱料。

三、生产制作注意事项

（1）煮制羊背时，断生即可，否则再进行烤制肉质就不鲜嫩了。

（2）烤制时，时间要把握好，避免烤制时间过长或火大，导致质量标准欠佳。

（3）各地在选用羊脊时可以根据当地市场需求而定，山羊、黄羊、藏羊、湖羊均可。

四、依据步骤进行生产制作

步骤 1：将羊脊放入盆中，加入适量的清水浸泡洗净（见图 1-10-5），西芹切斜刀块，白洋葱切块，胡萝卜切块，生姜切片，大蒜去尾拍裂，一半大葱切段，另一半大葱切丝，黄瓜去瓤切粗丝（图 1-10-6）。

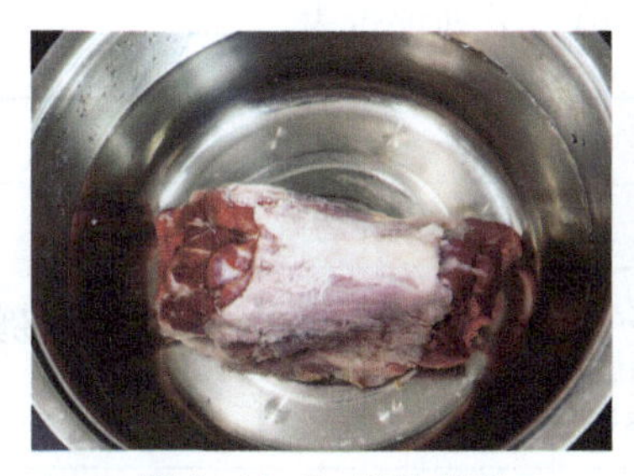
图 1-10-5　清洗羊脊

图 1-10-6　辅料改刀成品

步骤 2：锅烧热后加入少许食用油润锅，然后将蒜蓉酱和香其酱放入锅中小火炒制（见图 1-10-7），炒至香味浓郁后盛出备用。

步骤 3：砂锅中加入凉水，放入羊脊，待水面出现浮沫时，用手勺撇去，下当归、黄芪、花椒、辣椒段、香叶、小茴香、白芷，将芹菜、白洋葱、胡萝卜、姜片、葱段和裂蒜各放一半进锅，加入精盐、白糖、料酒等煮制（见图 1-10-8），煮约 40 分钟至断生时捞出备用。

步骤 4：把煮好的羊脊刷上脆皮水后晾干表面水分，烤盘中放余下的各类蔬菜，将羊脊放在蔬菜上入烤箱，上火 220℃，下火 180℃，烤制约 50 分钟至色泽金黄（见图 1-10-9），从烤箱中取出备用。

步骤 5：上菜时放在盛器中，搭配黄瓜条、葱丝及酱料（见图 1-10-10），趁热上菜即可。

图 1-10-7　炒制酱料

图 1-10-8　煮制羊脊

图 1-10-9　烘烤

图 1-10-10　搭配辅料、酱料成菜

综合评价

生产制作完成后，由你本人、你所在的小组其他成员和生产制作指导老师组成综合性评价小组，填写下列评价表。

评价项	评分项								比例	分值
	生产制作前		生产制作中			生产制作后		合计		
	资料查找 10%	项目分析 20%	原料准备 10%	生产规范 20%	成品质量 15%	清洁卫生 15%	实训报告 10%	100%		
自我评价									30%	
小组评价									30%	
老师评价									40%	
总　分									100%	

模块测试

一、简答题

1. 简要回答河北风味菜的组成及各区域的特点。
2. 简要回答山西十大经典风味名菜有哪些。
3. 简要回答制作罾蹦鲤鱼的注意事项。
4. 简要回答制作煎烹大虾需要的主辅料和调味料名称与数量。
5. 简要回答制作山西过油肉的工艺流程。

二、实训题

1. 自行组建每组 5 人的调研团队，通过多渠道查询当地是否有销售华北地区菜肴的餐厅，实地调研此家餐厅销售的华北地区菜肴的名称、售价、销量等，然后完成调研报告，制作成 PPT 在班级活动中展示交流。

2. 根据“煎烹大虾”的原料配备、生产制作流程、制作注意事项、制作步骤等设计一款运用花蟹制作的中式热菜，并依据设计出的菜谱，采购原料，然后到实训室中将其制作出来，制作好后请计算其成本，并进行定价。

3. 请自行选择一道华北地区代表性名菜进行制作，将制作过程进行全程拍摄，运用多媒体技术剪辑成不超过 1 分钟的短视频，放在自媒体平台进行推广，统计在 24 小时内获赞情况，在班级活动中进行分享展示。

模 块 2
东北地区风味
代表名菜

学习目标

知识目标

- 了解东北地区风味代表名菜概况。
- 熟悉东北地区风味代表名菜的质量标准及传承情况。
- 掌握东北地区风味代表名菜生产制作流程及注意事项。
- 掌握东北地区风味代表名菜原料选用与调味用料构成及生产制作步骤。

能力目标

- 轮值小组长能根据小组成员的综合能力进行分工，并监督实施；各小组成员能够按照分工，相互配合完成实训工作。
- 能较好地运用鲜活原料初加工技术、刀工技术，依据项目实施相关要求做好东北地区风味代表名菜制作的准备工作。
- 能够制作东北地区风味代表名菜，且工艺流程、制作步骤、成菜质量等符合相关标准。
- 通过对相关知识的学习与东北地区风味代表名菜的深入实训，结合消费者的需求变化，能进行创新、开发适销对路的新东北地区风味代表名菜。

素质目标

- 具备“勤奋学习、立志成才”的意识。
- 初步树立精益求精的工匠精神。

模块导读

东北地区经典代表名菜主要从辽宁省、吉林省、黑龙江省的风味菜肴中精选组成。

一、辽宁风味菜概况

辽宁风味菜简称辽菜。辽菜在满族菜点、东北菜的基础上，吸取鲁菜和京菜之长，形成了自己的独特风格。因地域的关系，辽菜的口味较重，省内各地又略有差异。省会沈阳及周边是辽菜的代表，鲜香酥烂、口感醇厚，讲究明油亮芡。大连等沿海城市以海鲜为优，讲究原汁原味，清鲜脆嫩。在技法上，辽菜注重勺工和火工的运用，长于扒、炸、烧、蒸、炖、汆、熘。2014年，辽菜传统烹饪技艺列入国家级非物质文化遗产名录，这是全国第一个以地方菜系烹饪技艺成为国家级非物质文化遗产的项目，说明辽菜根植于深厚的饮食文化土壤，有着独特的地方食材价值和烹饪技艺精髓。

中烹协发布的地方风味名菜中所列辽宁经典名菜包含三鲜火锅、小鸡炖蘑菇、扒三白、辽宁㸆大虾、拔丝地瓜（见图2-0-1）、葱烧辽参、锅爆肉、焦熘里脊、熘鱼片、赛熊掌（见图2-0-2）等十大菜品。

图2-0-1　拔丝地瓜

图2-0-2　赛熊掌

二、吉林风味菜概况

吉林风味菜简称吉菜。吉菜属于东北菜的子类，是根据吉林省特有的原料，运用独特的烹饪工艺，主要受鲁菜和其他菜系影响，再结合当地人民的风俗习惯而逐渐形成的。在烹饪技艺上，吉菜吸取鲁菜和其他关内风味之长，烹饪技巧细致，注重复合技法，擅长熘、爆、烧、烤、扒、酱、炖、拌、拔丝，精烹山珍野味，在调味上，其传统是多用复合味，以咸、辣、酸、鲜调和山珍野味。吉菜讲究火候，擅长刀工、勺工，号称刀工细、火候准、勺工硬。近几十年来，随着社会的进步，人民生活水平的整体提高，为适应消费者的需要，吉菜注重利用吉林特产原料和绿色食品原料烹制菜品。口味则在偏鲜、偏咸、重香的基础上逐步向清淡发展，追求弱咸、淡而不寡、馨香醇厚、滋味纯正，从而更突出主料特有的风味。

中烹协发布的地方风味名菜中所列吉林经典名菜包含白肉血肠、砂锅鹿宝（见图 2-0-3）、雪衣豆沙、锅塌豆腐、熘三样、拔丝白果（见图 2-0-4）、家鸡榛蘑粉、锅包肉、滑炒长白山松茸山药、熘肉段等十大菜品。

图 2-0-3　砂锅鹿宝

图 2-0-4　拔丝白果

三、黑龙江风味菜概况

黑龙江风味菜简称龙江菜。龙江菜以烹制山蔬、野味、肉禽和淡水鱼虾技艺见长，讲究口味的香醇、鲜嫩、爽润、咸淡相宜，以珍、鲜、清、补和绿色天然食品著称。龙江菜具有浓厚的北国风光特色。龙江菜炖菜较多，如小鸡炖蘑菇、酸菜白肉炖粉条、鲶鱼炖茄子、牛肉炖西红柿、东北乱炖等闻名遐迩。冷冻食物如冻黏豆包、冻鱼、冻肉、冻豆腐、冻梨、冻柿子独具风味。少数民族菜肴中，朝鲜族的“三生”（生拌、生渍、生烤），满族的阿玛尊肉、白肉血肠和苏叶饽饽（见图 2-0-5），鄂伦春族的“狍子筵”和“老者太黏粥”，赫哲族的“鳇鱼全席”和“稠李子饼”，鄂温克族的“烤犴肉”和“驯鹿奶”，达斡尔族的“手把肉”和“稷子米饭”等都是黑龙江风味菜的精品。

图 2-0-5　苏叶饽饽

中烹协发布的地方风味名菜中所列黑龙江经典名菜包含杀猪烩菜、鱼面知了、烤奶汁鳜鱼、野生猴头蒸肉、黑龙江狮子头（见图 2-0-6）、黑龙江葱烧海参、御品赛熊掌、御品鳇鱼哥、榛蘑蒸肉（见图 2-0-7）、赛鱼翅等十大菜品。

图 2-0-6　黑龙江狮子头

图 2-0-7　榛蘑蒸肉

项目 1

小鸡炖蘑菇

项目目标

1. 搜集小鸡炖蘑菇的历史文化及传承等信息，并能恰当选用合格的原料。
2. 掌握小鸡炖蘑菇的烹调加工步骤、成品质量标准和安全操作注意事项。
3. 能依据“项目实施”做好各项准备，独立完成小鸡炖蘑菇的生产制作。

* * * * * *

项目分析

小鸡炖蘑菇（见图 2-1-1）具有“色泽红亮、气味浓香、咸鲜适口、酥烂脱骨”的特点，是辽宁十大经典名菜之一。2014 年 1 月小鸡炖蘑菇被写入辽菜首批地方标准。中国人注重鲜味，而辽菜里的鲜味菜代表就是“小鸡炖蘑菇”，在东北炖菜排行榜中，始终高居榜首的也是小鸡炖蘑菇。为完成小鸡炖蘑菇的生产制作项目，传承小鸡炖蘑菇传统技艺，各学员不仅要做好相关准备，还应认真思考并回答完成此菜肴的生产制作所涉及的几个核心问题。

图 2-1-1　小鸡炖蘑菇成品图

1. 制作此菜使用的“蘑菇”属于什么品种？
2. 查询资料，了解“小鸡”的品质特征。
3. 刀工处理时，鸡块的大小应是什么标准？
4. “炖”制时的火候应如何控制？

* * * * * *

项目实施

一、主辅料及调味料准备

主辅料：散养光鸡半只约 1500g（见图 2-1-2）；干榛蘑 200g，大葱 20g，老姜 20g，大料 4 个，香菜 1 根（见图 2-1-3）。

调味料：鸡汤 800ml，绍酒 30ml，酱油 15ml，白糖 10g，精盐 4g（见图 2-1-4）。

图 2-1-2 主料

图 2-1-3 辅料

图 2-1-4 调味料

二、生产制作流程

涨发榛蘑→修剪榛蘑→清洗榛蘑→刀工处理→鸡块焯水→煸炒鸡肉→炖制调味→出锅成菜。

三、生产制作注意事项

（1）榛蘑宜选用吉林抚松县所产的为佳。

（2）鸡块焯水后要用温水洗净。

（3）炖时要使用小火慢炖，并且需要盖严锅盖。

（4）剁鸡块要直刀剁，不能斜刀剁，否则鸡块形成骨刺，食用时易造成伤害。

（5）鸡块应炖至酥烂脱骨而不失其形。

四、依据步骤进行生产制作

步骤 1：将干榛蘑放进小汤盆中，放入冷水浸泡约 24 小时至发透，用剪刀剪去老根（见图 2–1–5），再用清水漂洗，洗净杂质后捞出控水（见图 2–1–6），控净水分后备用。

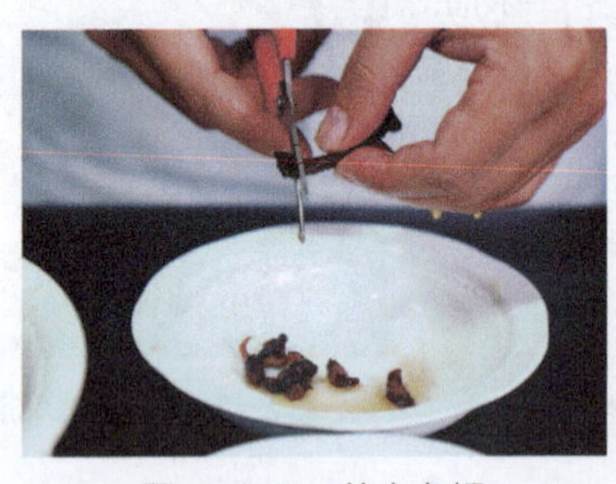

图 2-1-5 剪去老根

图 2-1-6 捞出控水

步骤 2：将散养光鸡洗净后采用直刀法剁成 3cm 见方的块（见图 2–1–7），大葱切段，老姜切片，香菜切段。

步骤 3：锅中加冷水，放入鸡块焯水至 5 成熟后捞出（见图 2–1–8），然后放入清水中洗净，捞出沥干水分后备用。

步骤 4：锅烧热后加入适量的底油，放入大葱段、姜片、大料爆香，然后放入鸡块小火煸炒，煸至鸡块出油、鸡皮紧缩、表面微黄，放入酱油、绍酒翻炒均匀（见图 2–1–9）。

步骤 5：往锅中加入没过鸡块的鸡汤，下入泡好的榛蘑，旺火烧开煮约 5 分钟，然后盖上锅盖用小火炖制约 1.5 小时，待炖至鸡肉软烂、汤汁黏稠，拣出大料，加入白糖、精盐等调料翻拌均匀即可出锅装盘（见图 2-1-10），然后点缀上香菜，趁热上桌即可。

图 2-1-7　光鸡剁成块

图 2-1-8　鸡肉焯水

图 2-1-9　煸炒鸡肉

图 2-1-10　出锅装盘

综合评价

生产制作完成后，由你本人、你所在的小组其他成员和生产制作指导老师组成综合性评价小组，填写下列评价表。

评价项	评分项								比例	分值
	生产制作前		生产制作中			生产制作后		合计		
	资料查找 10%	项目分析 20%	原料准备 10%	生产规范 20%	成品质量 15%	清洁卫生 15%	实训报告 10%	100%		
自我评价									30%	
小组评价									30%	
老师评价									40%	
总　分									100%	

项目 2

焦熘里脊

项目目标

1. 搜集焦熘里脊的历史文化及传承等信息，并能恰当选用合格的原料。
2. 掌握焦熘里脊的烹调加工步骤、成品质量标准和安全操作注意事项。
3. 能依据“项目实施”做好各项准备，独立完成焦熘里脊的生产制作。

******

项目分析

焦熘里脊（见图 2–2–1）具有“色泽红润，味道咸鲜，蒜、醋香突出，外焦里嫩”的特点，是辽宁十大经典名菜之一。焦熘又称炸熘、脆熘、烧熘等，就是将经过刀工处理的原料调味后挂糊，入油锅炸至表面焦脆捞出，再将烹制的调味汁浇淋其上或加热翻拌均匀裹上调味汁成菜的烹调方法。为完成焦熘里脊的生产制作，传承焦熘里脊传统技艺，各学员不仅要做好相关准备，还应认真思考并回答完成此菜肴的生产制作所涉及的几个核心问题。

1. 查询资料，了解焦熘里脊的烹调特点。
2. 制作此菜的主要工艺流程有哪些？
3. 刀工处理时，主料的成型规格标准是什么？
4. 此菜的调味品运用需要注意哪些？
5. 成品达到“外焦里嫩”的关键是什么？

图 2–2–1　焦熘里脊成品图

******

项目实施

一、主辅料及调味料准备

主辅料：里脊肉 400g（见图 2–2–2）；红甜椒 25g，西芹 25g，老姜 10g，大葱 1 节约 10g，大蒜 2 粒，玉米淀粉 100g（见图 2–2–3）。

调味料：酱油 20ml，精盐 2g，鸡汤 100ml，绍酒 15ml，味精 3g，香醋 20ml，白糖

25g，芝麻油 4ml（见图 2-2-4）。

图 2-2-2　主料

图 2-2-3　辅料

图 2-2-4　调味料

二、生产制作流程

刀工处理→调制淀粉糊→调制碗芡→炸制肉段→炒制调味→出锅装盘。

三、生产制作注意事项

（1）炸里脊段时要注意火候的把握，第一次入锅炸定型，第二次入锅复炸至外焦里嫩。

（2）炸制时的油温要控制在七～八成热。

（3）熘制时汁芡浓度要适当，能够将肉段包裹均匀。

（4）里脊片下勺裹汁时动作要迅速，以免外层回软。

四、依据步骤进行生产制作

步骤 1：将猪里脊肉洗干净后放在砧板上切成截面边长约 1cm、长 4cm 的粗条（见图 2-2-5），红甜椒和西芹分别切成粗条，大蒜和老姜分别切指甲片，大葱对半剖开后切成指甲片（见图 2-2-6）。

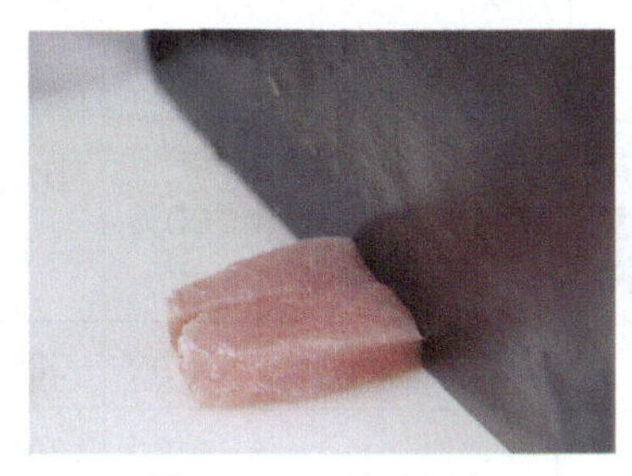
图 2-2-5　猪肉切条

图 2-2-6　辅料改刀成型

步骤 2：玉米淀粉加入适量的清水调成浓稠的糊后加入少许油抓均匀。将里脊条放入盛器内，加精盐、绍酒 3ml，抓拌均匀后裹上淀粉糊备用（见图 2-2-7）。

步骤 3：准备一个小碗，放入酱油、鸡汤、白糖、绍酒、香醋、味精、湿淀粉，搅拌均匀即成糖醋碗芡（见图 2-2-8）。

步骤 4：炒锅中加入食用油约 1L，加热至七成热时，将挂糊的肉段逐个下入油锅，炸至定型捞出，待油温升至八成热时，再下入肉段复炸至外焦里嫩捞出（见图 2-2-9）。

步骤5：锅中留底油15ml，置火上烧热，放入姜片、蒜片、葱片等略煸炒香后，倒入调制好的糖醋碗芡烧至浓稠后放入炸好的肉段及红椒、西芹条，迅速翻炒，淋入芝麻油，翻炒均匀，出锅装盘（见图2-2-10），趁热上桌即可。

图2-2-7　肉条挂糊

图2-2-8　调制碗芡

图2-2-9　炸制肉条

图2-2-10　成品炒制

综合评价

生产制作完成后，由你本人、你所在的小组其他成员和生产制作指导老师组成综合性评价小组，填写下列评价表。

评价项	评分项								比例	分值
	生产制作前		生产制作中			生产制作后		合计		
	资料查找10%	项目分析20%	原料准备10%	生产规范20%	成品质量15%	清洁卫生15%	实训报告10%	100%		
自我评价									30%	
小组评价									30%	
老师评价									40%	
总　分									100%	

项目 3

辽宁㸆大虾

项目目标

1. 搜集辽宁㸆大虾的历史文化及传承等信息，并能恰当选用合格的原料。
2. 掌握辽宁㸆大虾的烹调加工步骤、成品质量标准和安全操作注意事项。
3. 能依据“项目实施”做好各项准备，独立完成辽宁㸆大虾的生产制作。

* * * * * *

项目分析

辽宁㸆大虾（见图 2-3-1）具有“色泽红亮、咸鲜微甜、虾味鲜美、皮酥肉韧”的特点，是辽宁十大经典名菜之一。“㸆”指的是用微火使鱼、肉等菜的汤汁变浓或变干的一种烹饪技法，也是辽宁人烹制虾时常用的一种方法。辽宁㸆大虾是以黄海、渤海优质大虾为主料，采用辽菜传统工艺烹制而成。为完成辽宁㸆大虾的生产制作，传承辽宁㸆大虾传统技艺，各学员不仅要做好相关准备，还应认真思考并回答完成此菜肴的生产制作所涉及的几个核心问题。

图 2-3-1　辽宁㸆大虾成品图

1. 制作此菜，宜选用什么品种的大虾？
2. 查询资料，了解“㸆”制技法的操作要点。
3. 大虾的初加工标准是什么？
4. “㸆”制技法选用的火候标准是什么？
5. 㸆制过程如何防止酱汁过度蒸发？

* * * * * *

项目实施

一、主辅料及调味料准备

主辅料：新鲜大虾（8~10 头）约 500g（见图 2-3-2）；香葱 25g，老姜 10g，香菜 10g（见图 2-3-3）。

调味料：白糖 2g，绍酒 25ml，精盐 3g，白米醋 8ml，鲜汤 30ml（见图 2-3-4）。

图 2-3-2　主料

图 2-3-3　辅料

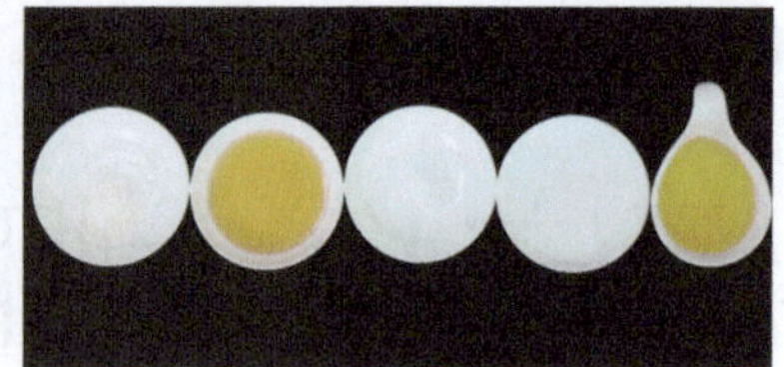

图 2-3-4　调味料

二、生产制作流程

大虾初步加工→刀工处理配菜→煎制大虾→调味㸆制→出锅装盘。

三、生产制作注意事项

（1）制作此菜，选用的大虾要优选产于渤海和黄海北部沿海的对虾。

（2）初加工时，大虾的沙包应去除掉。

（3）煎制大虾时应采用热锅凉油的方式进行。

（4）煎制大虾的过程中要用手勺挤压虾头，使虾膏渗出才能呈现红艳的色泽。

（5）烧制时应注意收汁亮油，充分入味。

四、依据步骤进行生产制作

步骤 1：将大虾清洗干净后，用专用剪刀将大虾的虾枪、虾须、虾腿依次剪去（见图 2-3-5），以方便顾客食用；虾背部用刀切开，将虾背中的虾线挑出（见图 2-3-6），同时将头部的沙包去除，洗净后备用。

图 2-3-5　剪去虾腿

图 2-3-6　挑出虾线

步骤 2：将香葱放在砧板上切成长约 3cm 的段，老姜切成厚度约 0.3cm 的片，香菜切成长约 2cm 的段（见图 2-3-7）。

步骤 3：炒锅洗净后烧热，加入食用油 25ml，放入葱段、姜片煸炒香后，加入大虾，摆放整齐，小火煎制（见图 2-3-8），边煎边用手勺按压虾头部，使虾膏渗出。

步骤 4：待虾被煎至皮酥色红时，烹入绍酒、白米醋，加鲜汤烧开后，再加入白糖、精盐，用慢火加热，待汤汁浓稠时拣出葱姜，将大虾盛出，虾头向盛器中心，虾尾向盛器边缘，顺时针方向摆入盘中（见图 2-3-9）。

步骤 5：将锅中的余汁加明油约 4ml，搅拌炒匀，浇在㸆好的虾上，点缀香菜（见

图 2-3-10），趁热上桌即可。

图 2-3-7　辅料改刀成品

图 2-3-8　煎制大虾

图 2-3-9　出锅装盘

图 2-3-10　点缀香菜

生产制作完成后，由你本人、你所在的小组其他成员和生产制作指导老师组成综合性评价小组，填写下列评价表。

评价项	评分项								比例	分值
	生产制作前		生产制作中			生产制作后		合计		
	资料查找 10%	项目分析 20%	原料准备 10%	生产规范 20%	成品质量 15%	清洁卫生 15%	实训报告 10%	100%		
自我评价									30%	
小组评价									30%	
老师评价									40%	
总　分									100%	

项目 4

锅包肉

项目目标

1. 搜集锅包肉的历史文化及传承等信息，并能恰当选用合格的原料。
2. 掌握锅包肉的烹调加工步骤、成品质量标准和安全操作注意事项。
3. 能依据“项目实施”做好各项准备，独立完成锅包肉的生产制作。

******

项目分析

锅包肉（见图 2-4-1）具有“色泽金黄、外酥里嫩、口味酸甜可口、香飘扑鼻”的特点，是吉林十大经典名菜之一。虽然为吉林经典名菜，然而在东北三省都极为流行，但各地在制法上仍有区别，吉林地区注重滋汁的调和，黑龙江地区注重酥脆的质感，辽宁地区会加入番茄酱或番茄沙司，各有千秋。为完成锅包肉的生产制作，传承锅包肉传统技艺，各学员不仅要做好相关准备，还应认真思考并回答完成此菜肴的生产制作所涉及的几个核心问题。

图 2-4-1　锅包肉成品图

1. 调制“水粉糊”使用的原料是什么？
2. 锅包肉的生产制作流程有哪些？
3. 刀工处理时，猪通脊肉的切制标准是什么？
4. “炸”制里脊时应将油温控制在什么范围？

******

项目实施

一、主辅料及调味料准备

主辅料： 猪通脊肉 300g（见图 2-4-2）；大葱 20g，生姜 20g，胡萝卜 20g，蒜粒 3 颗，土豆淀粉 120g（见图 2-4-3）。

调味料： 白醋 15ml，白糖 60g，酱油 3ml，料酒 15ml，精盐 4g（见图 2-4-4）。

图 2-4-2　主料

图 2-4-3　辅料

图 2-4-4　调味料

二、生产制作流程

刀工处理→调制淀粉糊→腌制肉片→调制碗芡→挂糊→炸制→脆熘→出锅装盘。

三、生产制作注意事项

（1）调制水粉糊时应使用东北土豆淀粉，因吸水性弱，炸制效果较好。

（2）挂糊时要尽量将肉片完全包裹，保护水分，避免出现无糊面现象。

（3）注意油温的控制，炸至过火，肉片干硬；炸好之后要复炸一遍，这是保证酥脆的关键。

（4）搭配的胡萝卜、大葱、生姜，最好都切成长丝。

四、依据步骤进行生产制作

步骤 1：将猪通脊肉切成长 5cm、宽 4cm、厚 0.3cm 的肉片（见图 2–4–5），后用清水浸泡约 10 分钟后捞出挤干水分；大葱和生姜分别切成细丝后用清水浸泡，蒜粒切片，胡萝卜切丝（见图 2–4–6）。

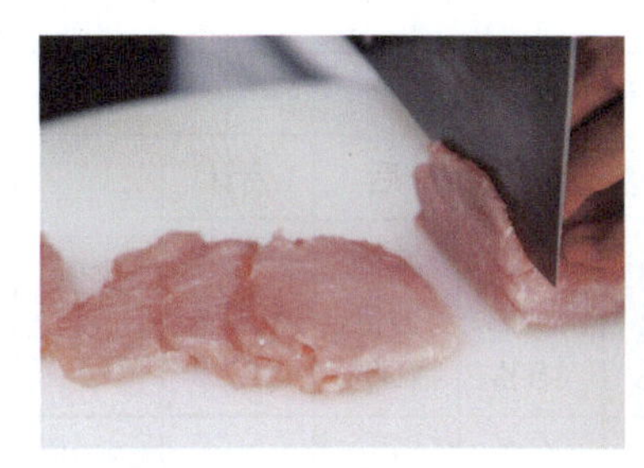
图 2-4-5　猪通脊肉切片

图 2-4-6　辅料改刀成品

步骤 2：将土豆淀粉用 90g 清水调拌成淀粉糊，然后放少许食用油；准备一个小碗，将白醋、白糖、料酒、酱油、精盐和剩余的土豆淀粉调成味汁（见图 2–4–7）。

步骤 3：将切好的肉片用精盐和葱姜水抓拌均匀后腌制约 5 分钟，将腌制好的肉片与淀粉糊抓拌均匀（见图 2–4–8）。

步骤 4：锅中放入食用油，烧至六成油温，将挂好糊的肉片逐片下入锅中炸至定型捞出，待油温升至八成热时，将肉片放入油锅中复炸约 30 秒，至色红、酥脆时捞出（见图 2–4–9）。

步骤5：锅洗干净后放在炉灶上加热，锅烧热后，加入适量的底油，放入蒜片炒香后再放入胡萝卜丝、姜丝、大葱丝煸炒至香味渗出，将调好的味汁放入锅中煮至浓稠后倒入炸好的肉片翻炒（见图 2-4-10），炒匀即可出锅装盘，趁热上桌即可。

图 2-4-7　调制碗芡

图 2-4-8　肉片挂糊

图 2-4-9　炸制肉片

图 2-4-10　脆熘成菜

综合评价

生产制作完成后，由你本人、你所在的小组其他成员和生产制作指导老师组成综合性评价小组，填写下列评价表。

评价项	评分项								比例	分值
	生产制作前		生产制作中			生产制作后		合计		
	资料查找 10%	项目分析 20%	原料准备 10%	生产规范 20%	成品质量 15%	清洁卫生 15%	实训报告 10%	100%		
自我评价									30%	
小组评价									30%	
老师评价									40%	
总分									100%	

项目 5

锅塌豆腐

项目目标

1. 搜集锅塌豆腐的历史文化及传承等信息，并能恰当选用合格的原料。
2. 掌握锅塌豆腐的烹调加工步骤、成品质量标准和安全操作注意事项。
3. 能依据“项目实施”做好各项准备，独立完成锅塌豆腐的生产制作。

******

项目分析

锅塌豆腐（见图 2-5-1）具有“色泽金黄、口感酥嫩、汁浓味鲜”的特点，是吉林十大经典名菜之一。此菜以吉林特产的大豆制成的豆腐为原料，运用“塌”技术制成。“塌”法原创于鲁菜菜系，后传入吉林，利用当地豆腐品质高的特点创制本菜，因其口味醇厚深受东北人喜爱，故形成一道传统名菜。为完成锅塌豆腐的生产制作，传承锅塌豆腐传统技艺，各学员不仅要做好相关准备，还应认真分析高质量完成此菜肴的生产制作所涉及的几个核心问题。

图 2-5-1　锅塌豆腐成品图

1. 查询资料，进一步了解“塌”制技法的运用技巧。
2. 制作此菜是选用石膏豆腐还是卤水豆腐？
3. 采用塌制技法制作此菜时应如何控制火力？
4. 制作此菜时，在调味方面需要注意什么问题？

******

项目实施

一、主辅料及调味料准备

主辅料：老豆腐 500g（见图 2-5-2）；鸡蛋 3 个，小麦面粉 100g，香葱 3 根，二荆条红辣椒 1 个，香菜 1 棵，蒜粒 2 颗，老姜 10g（见图 2-5-3）。

调味料：精盐 10g，味粉 4g，酱油 3ml，白糖 10g，料酒 15ml，清汤 50ml，淀粉

10g（见图 2–5–4）。

图 2-5-2　主料

图 2-5-3　辅料

图 2-5-4　调味料

二、生产制作流程

豆腐切片→腌渍入味→辅料改刀→打散鸡蛋→豆腐片拍粉→沾裹蛋液→煎制→塌制豆腐→出锅装盘。

三、生产制作注意事项

（1）拍粉时面粉不宜过多，否则成品表面易产生颗粒，造成表面不光滑，沾裹蛋液时需要将豆腐两面包裹均匀。

（2）煎制过程要用中小火慢煎，避免焦煳、脱糊。

（3）塌制过程要转小火慢慢塌透，使豆腐入味。

（4）根据地区口味需要，可酿入肉馅增添风味。

四、依据步骤进行生产制作

步骤 1：将老豆腐切成长 5cm、宽 3cm、厚 0.8cm 骨牌片后平放在平碟中（见图 2–5–5），用少许精盐、酱油、味粉、料酒调成腌料，涂抹豆腐上（见图 2–5–6），腌制备用。

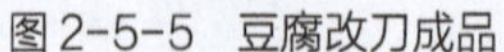

图 2-5-5　豆腐改刀成品

图 2-5-6　腌制豆腐

步骤 2：将香葱和二荆条红辣椒分别切成 0.4cm 见方的小粒，香菜切成段，蒜粒和老姜分别切成末（见图 2–5–7）。

步骤 3：将鸡蛋敲开放进盛器中打散；将腌制好的豆腐放进淀粉中，使每一面都均匀地粘上薄薄一层淀粉（见图 2–5–8）。

步骤 4：炒锅烧热后放入适量的底油，将拍好粉的豆腐放在蛋液中粘裹均匀后逐片放入锅中，使用五～六成热油温煎制（见图 2–5–9），待一面煎黄后翻锅煎另一面至金黄后倒出。

步骤 5：另起锅加底油加热，锅烧热后，下葱白丁、二荆条红辣椒丁、蒜末、姜末等炒香，加入清汤，用精盐、酱油、料酒、味粉调味调色，下入煎好的豆腐塌制（见图 2–5–10），待汤汁完全渗透入味后，用淀粉勾薄芡，淋少许明油出锅装盘，点缀上葱花及香菜即可。

图 2-5-7　辅料改刀成品

图 2-5-8　豆腐拍粉

图 2-5-9　煎制豆腐

图 2-5-10　塌制成菜

综合评价

生产制作完成后，由你本人、你所在的小组其他成员和生产制作指导老师组成综合性评价小组，填写下列评价表。

评价项	评分项								比例	分值
	生产制作前		生产制作中			生产制作后		合计		
	资料查找 10%	项目分析 20%	原料准备 10%	生产规范 20%	成品质量 15%	清洁卫生 15%	实训报告 10%	100%		
自我评价									30%	
小组评价									30%	
老师评价									40%	
总　分									100%	

项目 6

雪衣豆沙

项目目标

1. 搜集雪衣豆沙的历史文化及传承等信息，并能恰当选用合格的原料。
2. 掌握雪衣豆沙的烹调加工步骤、成品质量标准和安全操作注意事项。
3. 能依据“项目实施”做好各项准备，独立完成雪衣豆沙的生产制作。

******

项目分析

雪衣豆沙（见图 2-6-1）具有“形状团圆、色泽洁白、香甜软糯”的特点，是吉林十大经典名菜之一。据传此菜是清朝御厨专为乾隆皇帝设计制作的特色菜肴。后由最后一任会做雪衣豆沙的御厨林福山带回吉林将此菜发扬光大，逐渐成为吉林名菜。为完成雪衣豆沙的生产制作，传承雪衣豆沙传统技艺，各学员不仅要做好相关准备，还应认真思考并回答完成此菜肴的生产制作所涉及的几个核心问题。

图 2-6-1　雪衣豆沙成品图

1. 查询资料，了解“雪衣”一词的来历。
2. 如何打发出合格的“蛋泡”糊？
3. 炸制此菜的油温应控制在什么范围？
4. 装盘时需要注意什么？

******

项目实施

一、主辅料及调味料准备

主辅料：熟豆沙泥 200g（见图 2-6-2）；鸡蛋清 150g，面粉 50g，淀粉 20g（见图 2-6-3）。

调味料：绵白糖 50g，柠檬 1 块（见图 2-6-4）。

图 2-6-2　主料

图 2-6-3　辅料

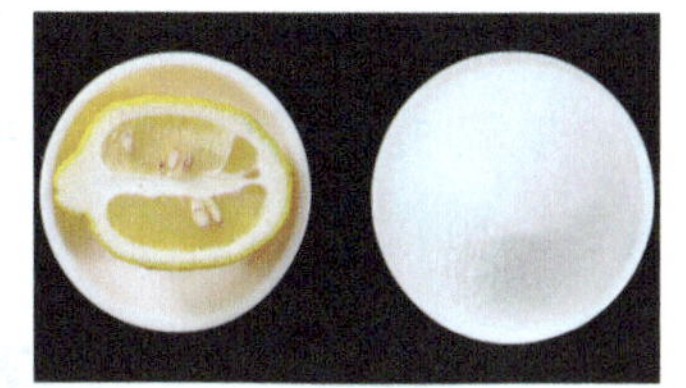

图 2-6-4　调味料

二、生产制作流程

豆沙制成圆球形→豆沙拍粉→打制蛋泡糊→挂糊处理→炸制→撒糖调味→出锅装盘。

三、生产制作注意事项

（1）打蛋泡糊时应朝一个方向用中等力度匀速搅打，避免泻糊。

（2）筛入淀粉之后也要把蛋清打到硬挺，这样蛋白组织稳定不消泡。

（3）油温控制在 130℃左右，这时炸出来更稳定，回缩比较小。油温高表面会变黄，而且里面组织不稳定，遇冷回缩快。

（4）传热介质用猪油最佳，炸制出来的成品风味十足。

四、依据步骤进行生产制作

步骤 1：将熟豆沙泥放在砧板上，揉搓成直径约 3cm 的圆柱形，然后均匀地分成 10 等分，再将其揉成直径约 3cm 的小圆球形（见图 2–6–5），然后将其放进面粉中，使其表面滚上一层薄薄的面粉（见图 2–6–6）。

图 2-6-5　豆沙制成圆球形

图 2-6-6　豆沙拍粉

步骤 2：将鸡蛋清放进无盐无水的盆中，挤入柠檬汁，用打蛋器高速打发，打到蛋清硬挺（见图 2–6–7）、出现纹路的时候，筛入面粉 20g、淀粉 20g，接着用打蛋器打匀，达到纹路清晰不消失，提起打蛋器，出现很多短小尖角（见图 2–6–8），静置备用。

步骤 3：锅中加入猪油，烧至 130℃左右的油温，然后用最小火加热。

步骤 4：将豆沙球放在打发的蛋清中粘裹，然后放进勺子中，用筷子整理得相对圆一点，如果蛋清少，可以再补一点蛋清，把裹好蛋清的豆沙球轻轻放入油锅中，让蛋清豆沙球静静地浮在油面上，不要按压，油温保持在 130℃左右，用勺子不停地往蛋清上轻轻淋油（见图 2-6-9），蛋清会逐渐变得圆润，炸大约 5 分钟用漏勺捞出备用。

步骤 5：盛器中撒上白糖，然后放入炸好的豆沙球，再撒上一些白糖（见图 2-6-10）。

图 2-6-7　打发蛋清

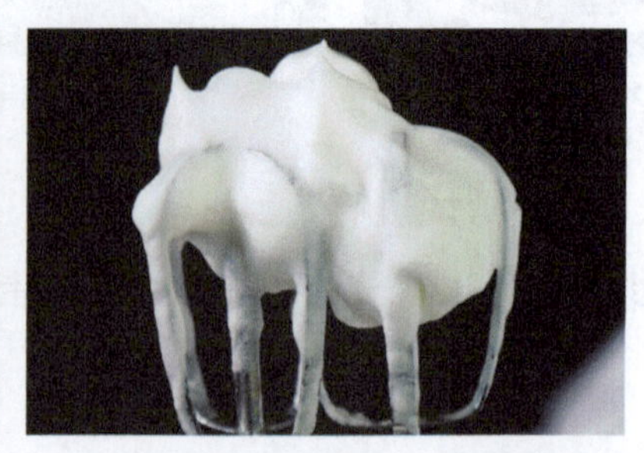

图 2-6-8　蛋清打发标准

图 2-6-9　炸制

图 2-6-10　撒上白糖

综合评价

生产制作完成后，由你本人、你所在的小组其他成员和生产制作指导老师组成综合性评价小组，填写下列评价表。

评价项	评分项								比例	分值
	生产制作前		生产制作中			生产制作后		合计		
	资料查找 10%	项目分析 20%	原料准备 10%	生产规范 20%	成品质量 15%	清洁卫生 15%	实训报告 10%	100%		
自我评价									30%	
小组评价									30%	
老师评价									40%	
总　分									100%	

项目 7

杀猪烩菜

项目目标

1. 搜集杀猪烩菜的历史文化及传承等信息，并能恰当选用合格的原料。
2. 掌握杀猪烩菜的烹调加工步骤、成品质量标准和安全操作注意事项。
3. 能依据“项目实施”做好各项准备，独立完成杀猪烩菜的生产制作。

* * * * * *

项目分析

杀猪烩菜（见图 2–7–1）具有“肉香满溢、味道浓郁、口感醇厚、肥而不腻”的特点，是黑龙江十大经典名菜之一。杀猪烩菜又称杀猪菜，在黑龙江许多地方常年制作杀猪菜，是黑龙江饮食一大特色。地道的杀猪菜是由多种菜品组合成的系列菜的总称，历史悠久，深受黑龙江人民喜爱。为完成杀猪烩菜的生产制作，传承杀猪烩菜传统技艺，各学员不仅要做好相关准备，还应认真思考并回答完成此菜肴的生产制作所涉及的几个核心问题。

1. 查询资料，了解杀猪烩菜名称的来历。
2. 制作此菜的基本流程包括哪些？
3. 烩制时如何保持酸菜的脆性？
4. 烩制此菜的关键是什么？
5. 装盘时，对盛器有什么要求？

图 2-7-1 杀猪烩菜成品图

* * * * * *

项目实施

一、主辅料及调味料准备

主辅料： 猪五花肉 300g，猪肚 250g，猪肥肠 250g，猪苦肠 150g，猪心 150g，猪血肠 300g，东北酸菜 400g（见图 2–7–2）；葱白 5 根，老姜 20g，香菜 2 棵（见图 2–7–3）。

调味料：花椒 3g，八角 5g，香叶 2g，黄酒 20ml，精盐 10g，味粉 6g，白糖 3g（见图 2-7-4）。

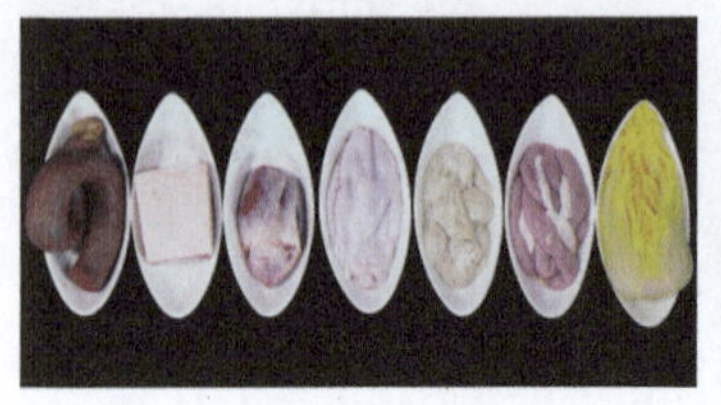
图 2-7-2　主料

图 2-7-3　辅料

图 2-7-4　调味料

二、生产制作流程

清洗主料→切制蔬菜→五花肉焯水→其他肉类焯水→肉类原料改刀→熬制底汤→放料烩制→离火上桌。

三、生产制作注意事项

（1）猪内脏处理要干净，避免出现血块、异物或异味；五花肉煮至刚熟即可。

（2）酸菜煮至入味即可，以保持酸菜的脆性；血肠在锅中也不宜煮制过久。

（3）根据地方饮食习惯，辅料还可以加入红薯粉条、土豆等。

四、依据步骤进行生产制作

步骤 1：猪五花肉洗净，猪肚翻开、洗净胃液，猪肥肠、猪苦肠翻开，洗净杂物与黏液，猪心用冷水冲净血块（见图 2-7-5）；酸菜清洗干净后切细丝，葱白、香菜分别切段，老姜切片（见图 2-7-6）。

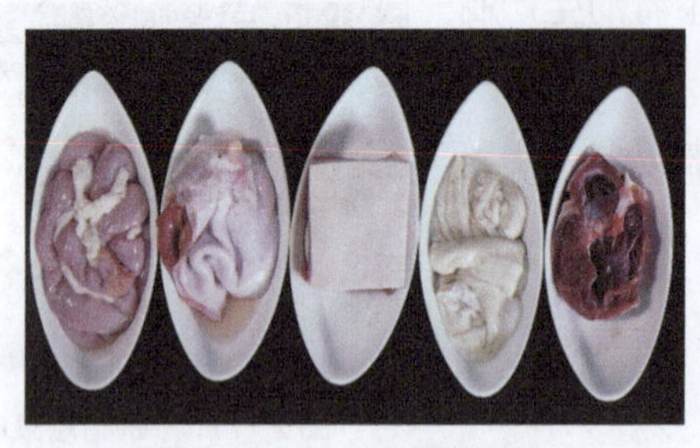
图 2-7-5　主料清洗干净

图 2-7-6　辅助改刀成品

步骤 2：将猪五花肉放进冷水锅中煮至软糯后捞出自然凉透；另起锅煮制猪肚、猪肥肠、猪苦肠、猪心（见图 2-7-7），熟透后捞出晾凉备用。

步骤 3：将五花肉切厚度为 0.4cm 的长方片，猪肚切斜刀片，猪肥肠、猪苦肠分别切段，猪心切片，猪血肠切 2cm 厚的斜刀片（见图 2-7-8）。

步骤 4：锅中放少量猪油，加入葱姜、花椒、八角、香叶、酸菜翻炒，淋入黄酒稍炒后加入煮猪五花肉原汤，大火烧开，焖煮约 40 分钟，用精盐、味粉、白糖调味（见

图 2–7–9）。

步骤 5：待酸菜入味后，将酸菜连汤汁盛入砂锅中，将五花肉片、猪肚片、猪小肠、猪苦肠、猪心片及血肠片铺在汤的表面（见图 2–7–10），加盖烩制约 5 分钟，然后撒上香菜即可原锅上桌。

图 2-7-7　其他肉类焯水

图 2-7-8　肉类原料改刀成品

图 2-7-9　熬制底汤

图 2-7-10　放料烩制

综合评价

生产制作完成后，由你本人、你所在的小组其他成员和生产制作指导老师组成综合性评价小组，填写下列评价表。

评价项	评分项								比例	分值
	生产制作前		生产制作中			生产制作后		合计		
	资料查找 10%	项目分析 20%	原料准备 10%	生产规范 20%	成品质量 15%	清洁卫生 15%	实训报告 10%	100%		
自我评价									30%	
小组评价									30%	
老师评价									40%	
总　分									100%	

项目 8

烤奶汁鳜鱼

项目目标

1. 搜集烤奶汁鳜鱼的历史文化及传承等信息，并能恰当选用合格的原料。
2. 掌握烤奶汁鳜鱼的烹调加工步骤、成品质量标准和安全操作注意事项。
3. 能依据“项目实施”做好各项准备，独立完成烤奶汁鳜鱼的生产制作。

* * * * * *

项目分析

烤奶汁鳜鱼（见图 2–8–1）具有“形状美观、色泽金黄、口感鲜嫩、奶香浓郁”的特点，是黑龙江十大经典名菜之一。此菜是典型的龙江俄式菜肴，也是哈埠菜肴的代表。松花江中的鳜鱼正是三花五罗中的鳌花鱼，是鳜鱼中的上品，用松花江鳜鱼制作烤奶汁鳜鱼，味道鲜美绝伦，而这道菜肴不仅是“中料西做”的代表菜，更是中俄文化融合的良好见证。为完成烤奶汁鳜鱼的生产制作，传承烤奶汁鳜鱼传统技艺，各学员不仅要做好相关准备，还应认真思考并回答完成此菜肴的生产制作所涉及的几个核心问题。

图 2–8–1 烤奶汁鳜鱼成品图

1. 新鲜鳜鱼的品质标准是什么？
2. 制作此菜的基本流程包括哪些？
3. 刀工处理时，主料的规格标准是什么？
4. 制作此菜的最大调味特点是什么？

* * * * * *

项目实施

一、主辅料及调味料准备

主辅料：松花江鳜鱼 1 条约 750g（见图 2–8–2）；土豆泥 250g，鸡蛋 1 个，低筋面粉 80g，柠檬半个，马苏里拉芝士 100g，双孢蘑菇 100g，洋葱 100g（见图 2–8–3）。

调味料：黄油 150g，精盐 5g，白胡椒粉 3g，白兰地 8ml，牛奶 200ml，淡奶油 20ml（见图 2-8-4）。

图 2-8-2　主料

图 2-8-3　辅料

图 2-8-4　调味料

二、生产制作流程

宰杀鳜鱼→刀工处理→腌制→炒奶汁→初步熟处理→装盘→焗制成菜。

三、生产制作注意事项

（1）鱼肉拌匀腌制时间不宜过长，时间过长鱼肉中的汁水会大量流失，导致鱼肉口感变得粗糙，影响口感。

（2）炒制面粉时应恰当掌握好火候，避免面粉炒煳，导致熬制的奶汁达不到质量标准。

（3）煎好的鱼片摆入盘中时，尽量不要平铺，要按“鱼鳞”状摆放，这样做好后鱼身凹凸可见，比较有层次感，活灵活现。

四、依据步骤进行生产制作

步骤 1：将鳜鱼宰杀，刮去鱼鳞、剪去鱼鳃、去除内脏后清洗干净，剁下鱼头和鱼尾（见图 2-8-5），取下鱼身两侧的净鱼肉，然后将两片鱼肉的胸骨去掉，将鱼皮去掉（见图 2-8-6）。

图 2-8-5　剁下鱼头鱼尾

图 2-8-6　去掉鱼皮

步骤 2：将取下的鱼肉片出厚约 0.5cm 的鱼片，双孢蘑菇切片，洋葱切成丝（见图 2-8-7）；将鱼头、鱼尾和鱼肉加入适量的精盐、胡椒粉、白兰地、柠檬汁腌制备用。

步骤 3：锅中置黄油，加入面粉小火炒制浅黄色，加入牛奶并不停搅拌均匀，用精盐、白胡椒粉调味，然后再加入淡奶油，过筛冷却制成奶汁（见图 2-8-8）。

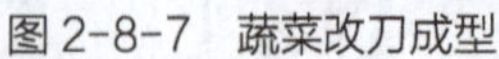

图 2-8-7　蔬菜改刀成型

图 2-8-8　奶汁过滤

步骤 4：鱼片拍粉，拖蛋液后煎至两面金黄（见图 2-8-9）；鱼头、鱼尾放进油锅中炸至熟透捞出，蘑菇与洋葱用黄油炒至上色，土豆泥用精盐、白胡椒粉调味拌匀备用。

步骤 5：准备鱼池盘，用裱花袋将土豆泥在鱼池盘周边挤一圈；中间用炒制好的蘑菇、洋葱垫底，在蘑菇和洋葱上摆上煎制好的鱼片，倒入奶汁，表面撒上芝士，放入烤箱（见图 2-8-10），面火 190℃焗烤 4~5 分钟，表面微微上色，在鱼池盘两端摆上鱼头和鱼尾即成。

图 2-8-9　煎制鱼片

图 2-8-10　烤箱焗制

综合评价

生产制作完成后，由你本人、你所在的小组其他成员和生产制作指导老师组成综合性评价小组，填写下列评价表。

评价项	评分项								比例	分值
	生产制作前		生产制作中			生产制作后		合计		
	资料查找 10%	项目分析 20%	原料准备 10%	生产规范 20%	成品质量 15%	清洁卫生 15%	实训报告 10%	100%		
自我评价									30%	
小组评价									30%	
老师评价									40%	
总　分									100%	

项目 9

野生猴头蒸肉

项目目标

1. 搜集野生猴头蒸肉的历史文化及传承等信息，并能恰当选用合格的原料。
2. 掌握野生猴头蒸肉的烹调加工步骤、成品质量标准和安全操作注意事项。
3. 能依据“项目实施”做好各项准备，独立完成野生猴头蒸肉的生产制作。

* * * * * *

项目分析

野生猴头蒸肉（见图 2-9-1）具有“色泽金黄、菇鲜肉香、口感软糯、造型美观”的特点，是黑龙江十大经典名菜之一。猴头菇是黑龙江大兴安岭的特产，营养丰富，口味鲜嫩，利用猴头菇具有较强的味道吸附特性，将猴头菇与猪五花肉同蒸，猴头菇可以吸附猪肉鲜美的汁液，并赋予猪肉独具风味的口味，更增加了菜肴的营养价值。为完成野生猴头蒸肉的生产制作，传承野生猴头蒸肉传统技艺，各学员不仅要做好相关准备，还应认真分析高质量完成此菜肴的生产制作所涉及的几个核心问题。

图 2-9-1　野生猴头蒸肉成品图

1. 优质猴头菇具有什么品质特征？
2. 制作此菜时需注意的事项有哪些？
3. 制作此菜的基本流程是什么？
4. 蒸制的时间与火力应控制在什么范围？
5. 应如何控制好有色调味料的使用？

* * * * * *

项目实施

一、主辅料及调味料准备

主辅料：五花肉 1 块约 650g，水发野生猴头菇 300g（见图 2-9-2）；菜胆 260g，香葱 20g，老姜片 20g，生粉 10g（见图 2-9-3）。

调味料：黄酒8ml，花椒3g，八角3g，香叶2g，红酱油4ml，蚝油8g，五香粉2g，精盐5g，味粉2g，白糖3g（见图2-9-4）。

图2-9-2 主料

图2-9-3 辅料

图2-9-4 调味料

二、生产制作流程

清洗猴头菇→五花肉焯水处理→五花肉上色→切制→装入蒸碗→调制味汁→蒸制→扣入碟中→蔬菜围边→淋汁成菜。

三、生产制作注意事项

（1）野生猴头菇含沙量较大，需要反复用清水清洗干净，否则会影响菜品质量。

（2）酱油使用量需要掌握好，汤汁为金黄色，颜色不可过深，否则会影响成品质量。

（3）芡汁要明亮清澈，不宜过稠。

（4）围边蔬菜可以根据季节和消费者的嗜好灵活搭配。

四、依据步骤进行生产制作

步骤1：将水发野生猴头菇放进清水中，反复漂洗（见图2-9-5），将里面的杂质清洗干净，用手轻轻挤出多余水分（见图2-9-6），放在盛器中备用。

图2-9-5 清洗猴头菇

图2-9-6 挤出猴头菇中水分

步骤2：五花肉冷水下锅，加入精盐、香葱、老姜片、黄酒、花椒、八角、香叶等小火煮制，煮制过程不断撇去汤面浮沫，煮熟透捞出（见图2-9-7），肉汤过滤留下备用。

步骤3：在五花肉表面抹上少许红酱油，放进六成热的油锅中炸至色泽金黄后捞出，自然放凉备用（见图2-9-8）。

步骤4：将猴头菇和五花肉分别切成0.5cm左右厚的片，将五花肉皮朝下，按照一片五花肉、一片猴头菇的顺序，依次码入扣肉碗中。用煮肉原汤，加入精盐、味粉、白糖、黄酒、红酱油、蚝油、五香粉调味调色，然后倒入扣肉碗中（见图 2-9-9），入蒸柜蒸约 1.5 小时。

步骤 5：将蒸好的菜肴取出，将汤汁滗出，扣入盛器中；将菜胆焯水后围边，肉汁倒入锅中调成琉璃芡汁后淋明油，淋在扣好的菜肴表面（见图 2-9-10），趁热及时上桌。

图 2-9-7　五花肉焯水

图 2-9-8　五花肉上色成品

图 2-9-9　淋入调味汁蒸制

图 2-9-10　围边淋汁成菜

综合评价

生产制作完成后，由你本人、你所在的小组其他成员和生产制作指导老师组成综合性评价小组，填写下列评价表。

评价项	评分项								比例	分值
	生产制作前		生产制作中			生产制作后		合计		
	资料查找 10%	项目分析 20%	原料准备 10%	生产规范 20%	成品质量 15%	清洁卫生 15%	实训报告 10%	100%		
自我评价									30%	
小组评价									30%	
老师评价									40%	
总　分									100%	

模块测试

一、简答题

1. 简要回答东北风味菜的技法特点。

2. 简要回答黑龙江十大经典风味名菜有哪些。

3. 简要回答制作雪衣豆沙的注意事项。

4. 简要回答制作杀猪烩菜需要的主辅料和调味料的名称与数量。

5. 简要回答制作烤奶汁鳜鱼的工艺流程。

二、实训题

1. 自行组建每组 5 人的调研团队，通过多渠道查询当地是否有销售东北地区菜肴的餐厅，实地调研此家餐厅销售的东北地区菜肴的名称、售价、销量等，然后完成调研报告，制作成 PPT 在班级活动中展示交流。

2. 根据“野生猴头蒸肉”的原料配备、生产制作流程、制作注意事项、制作步骤等设计一款运用猴头菇制作的中式热菜，并依据设计出的菜谱，采购原料，然后到实训室中将其制作出来，制作好后请计算其成本，并进行定价。

3. 请自行选择一道东北地区代表性名菜进行制作，将制作过程进行全程拍摄，运用多媒体技术剪辑成不超过 1 分钟的短视频，放在自媒体平台进行推广，统计在 24 小时内获赞情况，在班级活动中进行分享展示。

模块 3 华东地区风味代表名菜

学习目标

知识目标

- 了解华东地区风味代表名菜概况。
- 熟悉华东地区风味代表名菜的质量标准及传承情况。
- 掌握华东地区风味代表名菜生产制作流程及注意事项。
- 掌握华东地区风味代表名菜原料选用与调味用料构成及生产制作步骤。

能力目标

- 轮值小组长能根据小组成员的综合能力进行分工，并监督实施；各小组成员能够按照分工，相互配合完成实训工作。
- 能较好地运用鲜活原料初加工技术、刀工技术，依据项目实施相关要求做好华东地区风味代表名菜制作的准备工作。
- 能够制作华东地区风味代表名菜，且工艺流程、制作步骤、成菜质量等符合相关标准。
- 通过对相关知识的学习与华东地区风味代表名菜的深入实训，结合消费者的需求变化，能进行创新、开发适销对路的新华东地区风味代表名菜。

素质目标

- 具备“珍惜粮食、厉行节约”的意识。
- 具备终身发展所需要的“奋斗精神”。

模块导读

华东地区，简称华东。华东地区自然环境条件优越，物产资源丰富，商品生产发达，工业门类齐全，是中国综合技术水平最高的经济区。华东地区包括上海市、江苏省、浙江省、安徽省、福建省、江西省、山东省与台湾省，七省一市。因此，华东地区经典代表名菜主要从这些地方的风味菜肴中精选组成。

一、上海风味菜概况

上海风味菜系简称沪菜，别称“本帮菜”。沪菜是一个宽泛的概念，它的产生与形成又是一个不断变化、融合、创新、发展的历史过程。17 世纪前，上海风味以本地风味为主，基本特点是浓油赤酱、汤卤醇而不腻，油多、味浓、糖重和鲜活生猛。17 世纪后期上海由内外物资集散地发展成为贸易、经济和文化中心，人们从世界各地和全国各地蜂拥而至，或经商或求职，给上海带来了丰富多彩的饮食文化和各种各样的需求。19 世纪中叶，上海汇集了近 20 种中国风味菜系和英、法、德等各式西餐。这些菜系相互兼容，而未被上海本地菜同化，且各自独立、地位相当，这主要是由上海居民祖籍构成多样性所决定的，它们是上海风味菜系多样性和传统性特征的社会基础。

中烹协发布的地方风味名菜中所列上海经典名菜包含八宝鸭（见图 3-0-1）、水晶虾仁、白斩鸡、红烧蹄髈、红烧鮰鱼、油爆虾、砂锅糟香鱼头、素蟹粉、清蒸鲥鱼、糖醋小排等十大菜品。

图 3-0-1 八宝鸭

二、江苏风味菜概况

江苏风味菜简称苏菜。苏菜由金陵菜、淮扬菜、苏锡菜、徐海菜组成，其味清鲜，咸中稍甜，习尚五辛，注重本味，在国内外享有盛誉。苏菜有四大特点。首要特点是刀工精细，取料既广博又因地制宜；其次是注重用火、用油、用水、用炭、用器的精确；再次是调味细腻多变而精妙，以清鲜平和为基调，突出本味和荤素组合；最后是追求清雅和精致，崇尚本色雅丽，讲究造型唯美，食雕、面塑、合器、组筵等技艺独树一帜。

中烹协发布的地方风味名菜中所列江苏经典名菜包含大煮干丝、无锡酱排骨、水晶肴肉、红烧河豚、松鼠鳜鱼、软兜长鱼、盱眙小龙虾、金陵盐水鸭、砂锅鱼头、砂锅狮子头等十大菜品。

三、浙江风味菜概况

浙江风味菜简称浙菜。浙菜主要有杭州、宁波、绍兴、温州四个流派，各自带有浓厚的地方特色。杭州菜以制作精细、清鲜翠爽、淡雅细腻闻名，讲究原汁本味，注意轻油、轻浆、轻糖，多用本地土特产和时令鲜货；宁波菜以海鲜为常用原料，以蒸、烤、烧、炖见长；绍兴菜以烹制河鲜家禽见长，有浓厚的江南水乡风味，讲究香糯酥绵，咸鲜入味，轻油忌辣，汁浓味重。温州菜以海鲜入馔为主，口味滑鲜，淡而不薄，讲究轻油、轻芡。

图 3-0-2　千岛湖砂锅鱼头

中烹协发布的地方风味名菜中所列浙江经典名菜包含三丝敲鱼、千岛湖砂锅鱼头（见图 3-0-2）、西湖醋鱼、新二锦馅、鲳鱼年糕、烂糊鳝丝、雪菜笋丝大汤黄鱼、干菜焖肉、手剥龙井虾仁、里叶莲子鸡等十大菜品。

四、安徽风味菜概况

安徽风味菜简称徽菜。徽菜以皖南菜为代表，包括皖南菜、皖江菜、合肥菜、淮南菜、皖北菜。徽菜以安徽特产为主要原料，是在采用民间传统烹调技法的基础上，吸收其他菜系技艺之长而烹制的以咸鲜味为主的地方菜肴。在烹调方法上以烧、炖、焖、蒸、熏等技艺为主。主要菜式有宴席大菜、五篙八碟十大碗、九碗六、八碗十二盘、六大盆、大众和菜等。

图 3-0-3　李鸿章杂烩

中烹协发布的地方风味名菜中所列安徽经典名菜包含八公山豆腐、老蚌怀珠、胡适一品锅、蜜汁红芋、徽州臭鳜鱼、火烘鱼、李鸿章杂烩（见图 3-0-3）、椒盐米鸡、霍山风干羊、霸王别姬等十大菜品。

五、福建风味菜概况

福建风味菜简称闽菜。闽菜发源于福州，以福州菜为基础，后又融合闽东、闽南、闽西、闽北、莆仙五地风味菜。闽菜以口味清鲜、醇和、荤香、多汤为主，擅红糟、糖醋调味。以烹制山珍海味而著称，在色香味形俱佳的基础上，尤以“香”“味”见长，具有清鲜、醇和、荤香、不腻的风格特色。

中烹协发布的地方风味名菜中所列福建经典名菜包含大黄鱼吐银丝、白斩河田鸡、半月沉江、竹香南日鲍、佛跳墙、鸡汤氽海蚌、武夷熏鹅、客家生鱼片、海蛎煎、涮九门头等十大菜品。

六、江西风味菜概况

江西风味菜简称赣菜。赣菜历史悠久，文化底蕴深厚，是在继承历代“文人菜”基础上发展而成的乡土味极浓的“家乡菜”，深度契合中华优秀传统文化和合之道。赣菜是江西历代的“文人菜”。口味上侧重咸鲜、香、辣；质地上讲究酥、烂、脆、嫩；技法上以烧、焖、蒸、炖、炒见称。烧或焖的菜酥烂、味香、汁浓，如久负盛名的“三杯鸡”。蒸或炖的菜保持原汁，不失原味，既保全营养，又有补益。

中烹协发布的地方风味名菜中所列江西经典名菜包含三杯鸡、永和豆腐、余干辣椒炒肉、啤酒烧麻鸭、鄱湖鳙鱼头、井冈烟笋炒肉、米粉蒸肉、莲花血鸭、景德镇泥煨鸡、藜蒿炒腊肉等十大菜品。

七、山东风味菜概况

山东风味菜简称鲁菜。鲁菜历史悠久、技法丰富，是黄河流域烹饪文化的代表。整体而言，鲁菜选料广泛，畜禽、海产、蔬菜、山珍无所不包；技法上善用爆、熘、扒、烧、烤、炸、蒸、拔丝、蜜汁等；刀工精细、甚重火工、迅捷出菜，故爆炒为世人所称道。

中烹协发布的地方风味名菜中所列山东经典名菜包含爆炒腰花、博山豆腐箱（见图 3-0-4）、春和楼香酥鸡、葱烧海参、滑炒里脊丝、九转大肠、孔府一品锅、糖醋里脊、汆西施舌、潍坊朝天锅等十大菜品。

图 3-0-4 博山豆腐箱

八、台湾风味菜概况

台湾风味菜简称台菜。台菜是中国菜体系的一个重要组成部分，其口味清淡，菜品精致，以海鲜为主料，融会闽菜及客家菜之长而独具特色，并呈现出多元化的特点。台菜倾向自然原味，不求繁复，追求清、淡、鲜、醇。在技法上，不论炖、炒、蒸、煮，都强调清淡，不以色重味浓取胜。台菜烹饪的另一特色是善用腌酱之物，这是气候条件所决定的，也是人体补充盐分的需要。咸菜、黄豆酱等台湾客家人所制作的腌酱菜是上好佳品。用中药材熬炖各种食材的药膳，是台湾菜的另一特色。

中烹协发布的地方风味名菜中所列台湾经典名菜包含凤梨苦瓜鸡、鸡仔猪肚鳖、荫豉蚵仔、咸蛋黄瓜仔肉、香菇肉羹、菜脯蛋、蚵仔面线（见图 3-0-5）、酥炸鸡卷、鱿鱼螺肉蒜、鲳鱼米粉等十大菜品。

图 3-0-5 蚵仔面线

项目 1

糖醋小排

项目目标

1. 搜集糖醋小排的历史文化及风味特点等信息，并能恰当选用合格的原料。
2. 掌握糖醋小排的烹调加工步骤、成品质量标准和安全操作注意事项。
3. 能依据“项目实施”做好各项准备，独立完成糖醋小排的生产制作。

******

项目分析

糖醋小排（见图 3-1-1）具有“色泽油亮、外酥里嫩、酸甜适中、不油不腻”的特点，是上海十大经典名菜之一。糖醋小排有的当成冷盘，有的热菜上席，然而上海本帮正宗的糖醋小排就是要吃热，现吃现做，方能体现其特色内涵韵味。为完成糖醋小排的生产制作，传承糖醋小排传统技艺，各学员不仅要做好相关准备，还应认真思考并回答完成此菜肴的生产制作所涉及的几个核心问题。

图 3-1-1　糖醋小排成品图

1. 优质猪小排的品质特征有哪些？
2. 制作此菜使用的“香醋”有什么特殊的要求？
3. 用香醋调味时需要注意什么？
4. 如何制作加工才能使芡汁达到“浓稠如胶、滑润似漆”的状态？

******

项目实施

一、主辅料及调味料准备

主辅料：猪小排 600g（见图 3-1-2）；香葱 10g，生姜 10g（见图 3-1-3）。

调味料：黄酒 25ml，生抽 20ml，白糖 100g，香醋 30ml，高汤约 450ml（见图 3-1-4）。

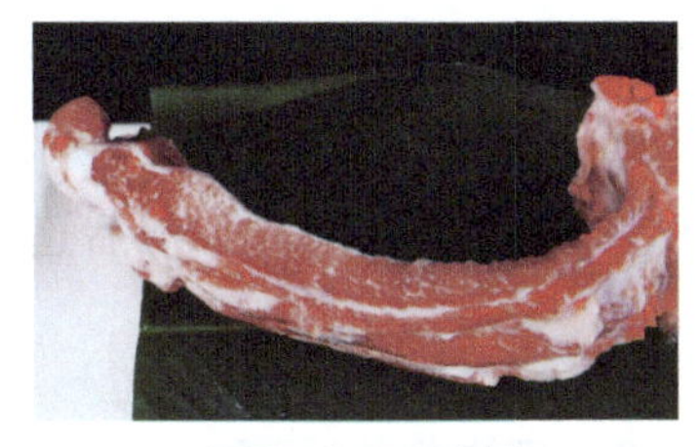
图 3-1-2　主料

图 3-1-3　辅料

图 3-1-4　调味料

二、生产制作流程

刀工处理→排骨焯水→生抽上色→炸制→焖制→加入香醋→出锅装盘。

三、生产制作注意事项

（1）选料要用猪小排，肉贴骨头；洗排骨时用温水有助于去除血腥。

（2）制作过程中香醋要分两次添加，第一次下醋是为了去腥添香，行语称之为“焖头醋”；醋容易挥发，因此第二次下醋是在起锅前，是为了增加酸味，行语称之为“响醋”。

（3）上海糖醋小排采用“自来芡”工艺，不加芡粉，而是利用火候的变化，使汤汁自然达到“浓稠如胶、滑润似漆”的状态，紧紧裹住排骨。

四、依据步骤进行生产制作

步骤 1：排骨洗净后砍成 2cm 见方的小块（见图 3-1-5），香葱切段，生姜切片备用。

步骤 2：将排骨和部分姜片、葱段放入冷水锅中焯水（见图 3-1-6），待表面全部变色后捞出沥干水分后用少许生抽拌匀备用。

图 3-1-5　排骨剁小块

图 3-1-6　排骨焯水

步骤 3：锅炙热后加食用油约 1L，烧至五成热时放入焯过水的排骨炸制（见图 3-1-7），待排骨炸至金黄色时捞出沥干油分。

步骤 4：锅内留少许油，下葱段和姜片爆香，放入炸好的排骨后倒入黄酒（见图 3-1-8），盖上锅盖小火焖约 1 分钟，以去除肉腥味。

步骤 5：倒入生抽，翻炒均匀后加入高汤、白糖和部分香醋，用大火烧开，盖上锅盖小火焖煮约30分钟至骨肉分离（见图3-1-9），大火收汁至汤汁浓稠发亮时捡出姜葱。

步骤6：出锅前，在锅边淋入余下的香醋继续翻炒均匀（见图3-1-10），然后迅速起锅装入准备好的盛器中，适当装饰点缀即可上桌。

图3-1-7　炸制排骨

图3-1-8　炒制去腥

图3-1-9　焖制排骨

图3-1-10　加入香醋翻炒

综合评价

生产制作完成后，由你本人、你所在的小组其他成员和生产制作指导老师组成综合性评价小组，填写下列评价表。

评价项	评分项								比例	分值
	生产制作前		生产制作中			生产制作后		合计		
	资料查找10%	项目分析20%	原料准备10%	生产规范20%	成品质量15%	清洁卫生15%	实训报告10%	100%		
自我评价									30%	
小组评价									30%	
老师评价									40%	
总　分									100%	

项目 2

素蟹粉

素蟹粉

项目目标

1. 搜集素蟹粉的用料特点及风味特色等信息，并能恰当选用合格的原料。
2. 掌握素蟹粉的烹调加工步骤、成品质量标准和安全操作注意事项。
3. 能依据“项目实施”做好各项准备，独立完成素蟹粉的生产制作。

* * * * * *

项目分析

素蟹粉（见图 3–2–1）具有“红黄相映、酷似蟹粉、味鲜清香、鲜美绵滑”的特点，是上海十大经典名菜之一。为完成素蟹粉的生产制作，传承素蟹粉传统技艺，各学员不仅要做好相关准备，还应认真思考并回答完成此菜肴的生产制作所涉及的几个核心问题。

1. 查询资料，了解素蟹粉的用料标准有哪些。
2. 如何将土豆和胡萝卜加工成泥？
3. 如何让土豆泥和胡萝卜泥达到清爽的质量标准？
4. 在调味时对姜末有什么要求？

图 3–2–1　素蟹粉成品图

* * * * * *

项目实施

一、主辅料及调味料准备

主辅料： 黄心土豆 1 个约 200g，胡萝卜 1 段约 150g（见图 3–2–2）；熟冬笋 50g，水发香菇 50g，鸡蛋 1 个，姜末 3g（见图 3–2–3）。

调味料： 精盐 5g，黄酒 4ml，味精 1.5g，米醋 3ml，白糖 4g（见图 3–2–4）。

图 3-2-2　主料

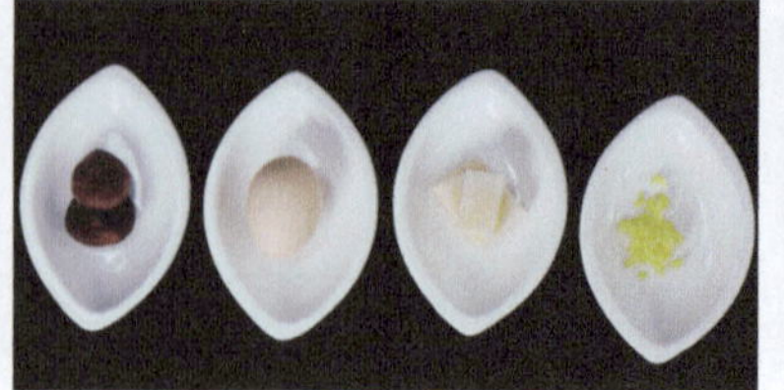
图 3-2-3　辅料

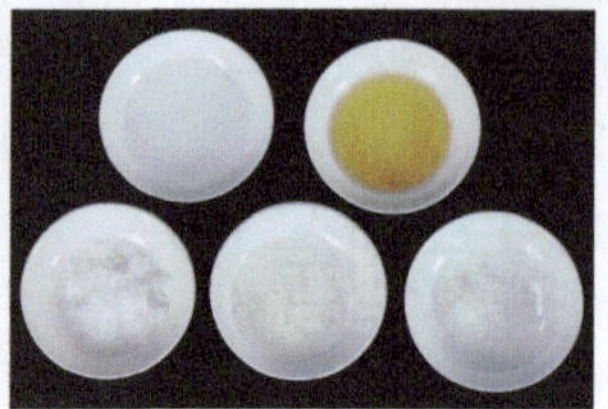
图 3-2-4　调味料

二、生产制作流程

刀工处理→主料蒸制→碾成泥状→焯水→制作调味汁→炒鸡蛋清→鸡蛋黄拌蔬菜丝→炒制调味→出锅装盘。

三、生产制作注意事项

（1）土豆泥和胡萝卜泥注意炒干水分，否则炒出来连汤带水，不清爽。

（2）姜末要切成极细的末，不能混有姜粒，要做到闻有其味，不见其形。

（3）煸炒搅拌时最好使用锅铲，过程中尽量把素蟹粉反复压平，反复颠锅推匀，同时注意不要粘锅。

四、依据步骤进行生产制作

步骤 1：将黄心土豆和胡萝卜去皮后切成滚刀块（见图 3-2-5）；水发香菇去蒂后和冬笋都分别切成长约 4cm 左右、火柴棍粗细的丝（见图 3-2-6）。

图 3-2-5　主料改刀成型

图 3-2-6　辅料改刀成型

步骤 2：将切好的土豆和胡萝卜放入蒸锅中蒸至软熟后取出，分别放在砧板上碾成带颗粒感的泥状（见图 3-2-7），碾好后分别放入盛器中。

步骤 3：锅中加入 1L 左右的水，烧沸腾后将香菇丝、冬笋丝等放入锅中焯水（见图 3-2-8），熟透后捞出控净水分备用。

步骤 4：将精盐、黄酒、味精、米醋、白糖、姜末调成味汁，取鸡蛋清炒熟透并成小粒状，将土豆泥、胡萝卜泥、香菇丝和冬笋丝放在盛器中，加入鸡蛋黄抓拌均匀（见图 3-2-9）。

步骤 5：炒锅置旺火上，放入适量食用油，烧至六成热时，将拌匀的半成品入锅中小火炒制，充分炒透（见图 3-2-10），加入调制好的味汁小火炒制，炒至汁水被充分吸收时，将炒好的蛋白颗粒加入，炒匀即可出锅装盘，装盘后趁热及时上桌。

图 3-2-7　主料制成泥

图 3-2-8　辅料焯水

图 3-2-9　主辅料混合

图 3-2-10　炒制调味

综合评价

生产制作完成后，由你本人、你所在的小组其他成员和生产制作指导老师组成综合性评价小组，填写下列评价表。

<table>
<tr><th rowspan="3">评价项</th><th colspan="8">评分项</th><th rowspan="3">比例</th><th rowspan="3">分值</th></tr>
<tr><th colspan="2">生产制作前</th><th colspan="3">生产制作中</th><th colspan="2">生产制作后</th><th>合计</th></tr>
<tr><th>资料查找10%</th><th>项目分析20%</th><th>原料准备10%</th><th>生产规范20%</th><th>成品质量15%</th><th>清洁卫生15%</th><th>实训报告10%</th><th>100%</th></tr>
<tr><td>自我评价</td><td></td><td></td><td></td><td></td><td></td><td></td><td></td><td></td><td>30%</td><td></td></tr>
<tr><td>小组评价</td><td></td><td></td><td></td><td></td><td></td><td></td><td></td><td></td><td>30%</td><td></td></tr>
<tr><td>老师评价</td><td></td><td></td><td></td><td></td><td></td><td></td><td></td><td></td><td>40%</td><td></td></tr>
<tr><td colspan="9">总　分</td><td>100%</td><td></td></tr>
</table>

项目 3

砂锅狮子头

项目目标

1. 搜集砂锅狮子头的历史文化及传承等信息，并能恰当选用合格的原料。
2. 掌握砂锅狮子头的烹调加工步骤、成品质量标准和安全操作注意事项。
3. 能依据“项目实施”做好各项准备，独立完成砂锅狮子头的生产制作。

******

项目分析

砂锅狮子头（见图 3-3-1）具有“口感松软、肥而不腻、营养丰富”的特点，是江苏十大经典名菜之一。砂锅狮子头又称扬州狮子头，因其形态饱满，犹如雄狮之首，故名“狮子头”。其成功之举在于保持基本格调和传统烹调方法外，随季节不同而异，如初春的河蚌狮子头、清明前后的笋焖狮子头、夏季的鮰鱼狮子头、冬季的风鸡狮子头等。在烹调技法运用方面常见的有“红烧”和“清炖”两种。为完成砂锅狮子头的生产制作，传承砂锅狮子头传统技艺，各学员不仅要做好相关准备，还应认真思考并回答完成此菜肴的生产制作所涉及的几个核心问题。

1. 主料选用方面有什么特殊的要求？
2. 刀工处理时，各用料的规格标准是什么？
3. 制作此菜采用的烹饪技法是什么？
4. 装盘时，采用什么样的盛器盛装？

图 3-3-1　砂锅狮子头成品图

******

项目实施

一、主辅料及调味料准备

主辅料：猪肋条肉 250g（见图 3-3-2）；猪皮 100g，排骨 200g，马蹄 50g，虾仁 100g，娃娃菜 150g，青菜心 80g，枸杞 10g，蟹黄 40g，鸡蛋清 1 个，干淀粉 20g，姜片 25g，葱节 15g，（见图 3–3–3）。

调味料：黄酒 20ml，精盐 7g，葱姜汁 15ml（见图 3–3–4）。

图 3-3-2　主料

图 3-3-3　辅料

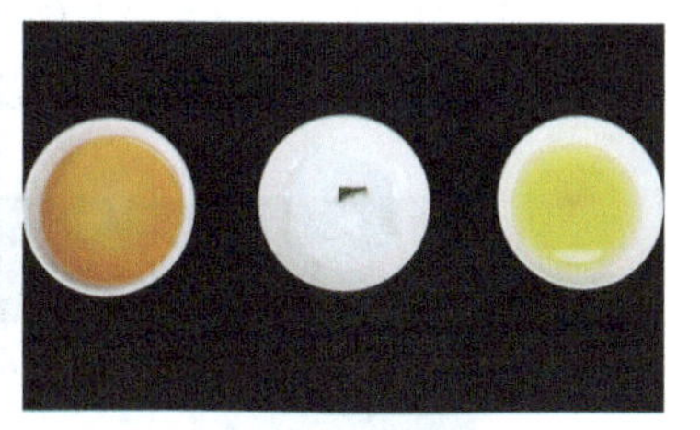

图 3-3-4　调味料

二、生产制作流程

刀工处理→肉馅搅打上劲→焯水→制肉球入锅→炖制→出锅装盘。

三、生产制作注意事项

（1）猪肉、虾肉等应以切为主，不宜选用绞肉机制成蓉。

（2）肉馅要摔打上劲，加入的淀粉一定不能太多，否则口感变硬。

四、依据步骤进行生产制作

步骤 1：猪肉切成 0.5cm 见方的小丁，马蹄去皮后切成 0.4cm 见方的小丁，虾仁切成 0.5cm 的小丁，排骨砍成 3cm 长的段，猪皮切成边长 2cm 左右的菱形块（见图 3–3–5）。

步骤 2：将切好的猪肉丁、马蹄丁、虾仁丁放入大碗中，加入蟹黄 20g、精盐 3g、黄酒 7ml、鸡蛋清、干淀粉、葱姜汁搅拌上劲（见图 3–3–6）。

图 3-3-5　刀工处理成品

图 3-3-6　搅拌上劲

步骤 3：锅中加入适量的清水，放入姜片 10g、黄酒 5ml、葱节等，然后放入砍好的排骨段、猪皮块焯水（见图 3–3–7），然后捞出清洗干净备用；砂锅放在火上，放入排骨、猪皮、黄酒、清水、精盐、姜片、枸杞烧沸备用（见图 3–3–8）。

步骤 4：将拌好的肉馅分成两等份，放在手掌中两手交替搓揉 20 下左右，使肉球表皮完整（见图 3–3–9），肉球里边比较松软，外面比较紧致、圆润后放入砂锅，盖上娃娃菜叶（见图 3-3-10），烧沸后用微火煨制约 2 小时至软糯，然后放入青菜心煮熟即可关火。

步骤 5：上菜时取一个汤碗，放进一个狮子头，再浇入适量汤水，放入 1 棵熟菜心、1 片熟白菜叶和适量的蟹黄即可。

图 3-3-7　肉料焯水

图 3-3-8　煲制底汤

图 3-3-9　制成大肉球

图 3-3-10　煨制

综合评价

生产制作完成后，由你本人、你所在的小组其他成员和生产制作指导老师组成综合性评价小组，填写下列评价表。

评价项	评分项								比例	分值
	生产制作前		生产制作中			生产制作后		合计		
	资料查找 10%	项目分析 20%	原料准备 10%	生产规范 20%	成品质量 15%	清洁卫生 15%	实训报告 10%	100%		
自我评价									30%	
小组评价									30%	
老师评价									40%	
总　分									100%	

项目 4

松鼠鳜鱼

项目目标

1. 搜集松鼠鳜鱼的历史文化及传承等信息，并能恰当选用合格的原料。
2. 掌握松鼠鳜鱼的烹调加工步骤、成品质量标准和安全操作注意事项。
3. 能依据“项目实施”做好各项准备，独立完成松鼠鳜鱼的生产制作。

******

项目分析

松鼠鳜鱼（见图 3–4–1）具有“形状似松鼠、外脆里嫩、酸甜可口”的特点，是江苏十大经典名菜之一。松鼠鳜鱼又名松鼠桂鱼，为江苏菜中色香味兼具的代表之作。为完成松鼠鳜鱼的生产制作，传承松鼠鳜鱼传统技艺，各学员不仅要做好相关准备，还应认真思考并回答完成此菜肴的生产制作所涉及的几个核心问题。

图 3–4–1　松鼠鳜鱼成品图

1. 初加工时，对鳜鱼的处理方式是什么？
2. 制作此菜使用的是什么烹饪技法成菜？
3. “炸”制时需要注意哪些问题？
4. 如何操作才能达到成品酱汁光亮的效果？

******

项目实施

一、主辅料及调味料准备

主辅料：大鳜鱼 1 条约 750g（见图 3–4–2）；淀粉 60g，腰果碎 30g（见图 3–4–3）。
调味料：料酒 15ml，精盐 3g，糖醋汁 150ml（见图 3–4–4）。

图 3-4-2　主料

图 3-4-3　辅料

图 3-4-4　调味料

二、生产制作流程

选取鳜鱼→宰杀→放在砧板上→右手持刀→取下鱼头→取下脊骨及腹骨→运用剞刀法切成松子形→原料成形。

三、生产制作注意事项

（1）剔除鱼骨时不能伤肉，肉上不能带刺。

（2）剞花刀时用力要均匀，避免切断鱼皮。

（3）拍粉后不能停放时间过长，应立即用油炸，否则干淀粉受潮后易使改成的刀纹粘连一起，影响形状。

四、依据步骤进行生产制作

步骤 1：将鳜鱼用专用工具刮去鱼鳞，用剪刀剪去鱼鳃（见图 3–4–5），剖开鱼肚子后去内脏洗净，放在砧板上。

步骤 2：左手按住鱼身，把鱼头切下，用刀贴着背脊骨片开且尾部相连（见图 3–4–6），翻面再片开另一片鱼肉，然后鱼腹向上，把鱼胸骨用刀片下。

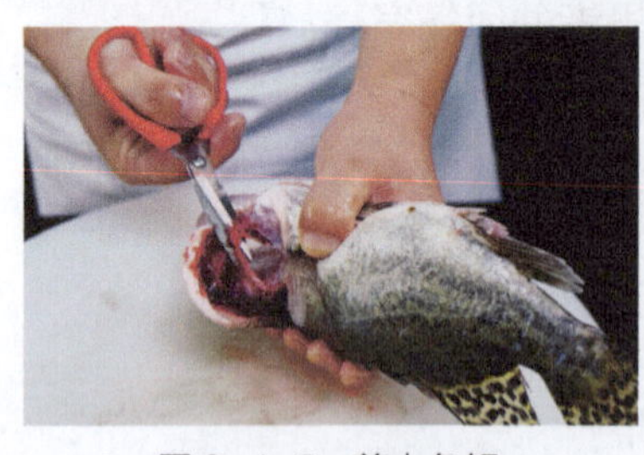

图 3-4-5　剪去鱼鳃

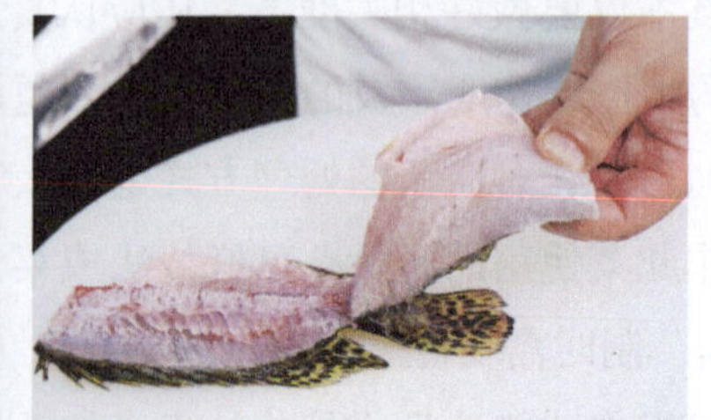

图 3-4-6　分成尾部相连的两片

步骤 3：将鱼皮面贴砧板上放好，用片刀在鱼肉上先斜剞然后再直剞，深至鱼皮处，斜剞和直剞成交叉状，切开成 0.7cm 见方的竖条（见图 3–4–7）。

步骤 4：用料酒、精盐分别抹在鱼头和鱼肉上腌制（见图 3–4–8），腌制约 5 分钟后，用专用纸吸干表面水分，然后沾上干淀粉，拎住鱼尾抖去余粉。

步骤 5：炒锅烧热后倒入食用油，烧至七成热时，拎住鱼尾，用手勺把热油舀起，从鱼尾处淋在鱼肉上，待鱼肉基本定型后用筷子夹住鱼身另一端，平放入油锅浸炸（见图 3–4–9），炸至金黄色捞出控油，放入盘中。

步骤 6：鱼头入油锅炸成金黄色捞出控油，将炸好的鱼头和鱼肉拼接在盛菜碟中，头部和尾部要翘起；淋上滚烫的糖醋汁（见图 3-4-10），撒上松子即成。

图 3-4-7　鱼肉改刀成品

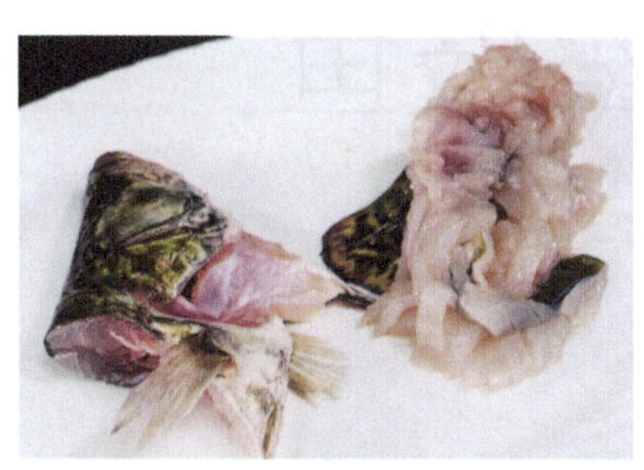

图 3-4-8　腌制

图 3-4-9　炸制鱼肉

图 3-4-10　浇淋糖醋汁

综合评价

生产制作完成后，由你本人、你所在的小组其他成员和生产制作指导老师组成综合性评价小组，填写下列评价表。

评价项	评分项								比例	分值
	生产制作前		生产制作中			生产制作后		合计		
	资料查找 10%	项目分析 20%	原料准备 10%	生产规范 20%	成品质量 15%	清洁卫生 15%	实训报告 10%	100%		
自我评价									30%	
小组评价									30%	
老师评价									40%	
总　分									100%	

项目 5

三丝敲鱼

项目目标

1. 搜集三丝敲鱼的历史文化及传承等信息，并能恰当选用合格的原料。
2. 掌握三丝敲鱼的烹调加工步骤、成品质量标准和安全操作注意事项。
3. 能依据“项目实施”做好各项准备，独立完成三丝敲鱼的生产制作。

******

项目分析

三丝敲鱼（见图 3–5–1）具有“鱼片洁白光滑，呈半透明状，菜品汤清味醇，鲜嫩爽滑”的特点，是浙江十大经典名菜之一。三丝敲鱼是温州民间传统佳肴，相传已有百余年历史。“三丝”指的是鸡脯丝、火腿丝、香菇丝，主要是为了调色和增味。为完成三丝敲鱼的生产制作，传承三丝敲鱼传统技艺，各学员不仅要做好相关准备，还应认真思考并回答完成此菜肴的生产制作所涉及的几个核心问题。

图 3–5–1　三丝敲鱼成品图

1. 查询资料，了解此菜的历史传承情况。
2. 敲鱼片时，用什么材质的墩子最佳？
3. 敲制鱼片时的关键步骤有哪些？
4. 煮制鱼片的过程中需要注意什么？
5. 煮熟的鱼片进行刀工处理的标准是什么？

******

项目实施

一、主辅料及调味料准备

主辅料：鮸鱼 1 条约 750g（见图 3–5–2）；鸡脯肉 50g，火腿 25g，水发香菇 50g，青菜心 50g，干淀粉 150g（见图 3–5–3）。

调味料：绍酒 13ml，精盐 5g，鸡清汤 600ml，熟鸡油 10g（见图 3–5–4）。

图 3-5-2　主料

图 3-5-3　辅料

图 3-5-4　调味料

二、生产制作流程

宰杀鮸鱼→取下鱼肉→敲成薄片→蒸制鸡胸和火腿→刀工处理成型→敲好的鱼片焯水→鱼片改刀→煮制调味→出锅装盘。

三、生产制作注意事项

（1）敲制鱼片时的传统制法是在大理石或者光滑的石头上敲制，而如今的厨师们则多选用木质砧板垫底，因为木质砧板有弹性，敲出的鱼片口感更好。

（2）敲好的鱼片要立刻焯水，及时做菜，久放或者放入冰箱储存再用，口感不够滑嫩。

（3）敲鱼时要用力均匀不断调整敲制方向，敲制过程需要不断添加干淀粉，防止粘连。

四、依据步骤进行生产制作

步骤 1：将鮸鱼剪去鱼鳃、刮去鱼鳞、取出鱼内脏后清洗干净（见图 3-5-5），从背部下刀，取下两片鱼肉，然后片掉鱼胸骨（见图 3-5-6），再片掉鱼皮。

图 3-5-5　清洗鮸鱼

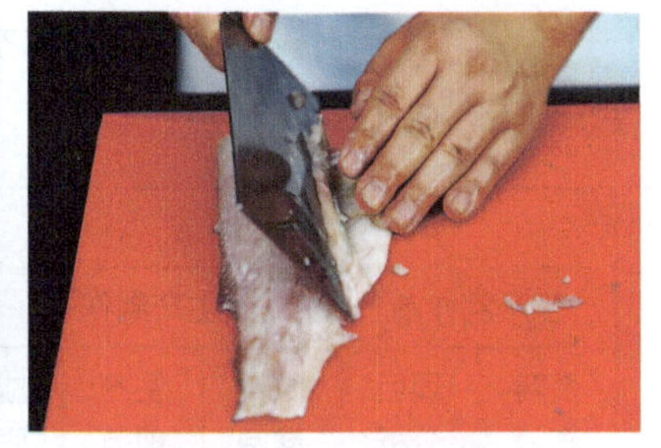
图 3-5-6　片掉鱼胸骨

步骤 2：将取下的鱼肉片成大厚片，然后蘸上干淀粉。准备一块平整的木质砧板，擦干木质砧板表面的水分，然后撒上适量的淀粉，将沾好淀粉的鱼片放于木质砧板上，用木槌均匀地敲成薄片（见图 3-5-7）。

步骤 3：将鸡脯肉用少许绍酒、精盐腌制后放进蒸锅中蒸熟，火腿也放进蒸锅中蒸熟，取出放凉后切成细丝，水发香菇切成细丝备用（见图 3-5-8）。

图 3-5-7 敲鱼

图 3-5-8 切丝

步骤 4：锅中倒入清水，烧沸腾后将敲好的鱼片入锅中焯水，鱼片熟后捞出在凉水中过凉，然后切成 1cm 宽的长条（见图 3-5-9）。

步骤 5：锅中加入鸡清汤，沸腾后放入青菜心，用精盐、绍酒调味，放入香菇丝、敲鱼条、熟鸡脯肉丝、熟火腿丝稍微煮（见图 3-5-10），淋上熟鸡油，起锅盛入大汤碗内即可。

图 3-5-9 鱼片切条

图 3-5-10 煮制敲鱼条

综合评价

生产制作完成后，由你本人、你所在的小组其他成员和生产制作指导老师组成综合性评价小组，填写下列评价表。

<table>
<tr><th rowspan="3">评价项</th><th colspan="8">评分项</th><th rowspan="3">比例</th><th rowspan="3">分值</th></tr>
<tr><th colspan="2">生产制作前</th><th colspan="3">生产制作中</th><th colspan="2">生产制作后</th><th>合计</th></tr>
<tr><th>资料
查找
10%</th><th>项目
分析
20%</th><th>原料
准备
10%</th><th>生产
规范
20%</th><th>成品
质量
15%</th><th>清洁
卫生
15%</th><th>实训
报告
10%</th><th>100%</th></tr>
<tr><td>自我评价</td><td></td><td></td><td></td><td></td><td></td><td></td><td></td><td></td><td>30%</td><td></td></tr>
<tr><td>小组评价</td><td></td><td></td><td></td><td></td><td></td><td></td><td></td><td></td><td>30%</td><td></td></tr>
<tr><td>老师评价</td><td></td><td></td><td></td><td></td><td></td><td></td><td></td><td></td><td>40%</td><td></td></tr>
<tr><td colspan="9">总 分</td><td>100%</td><td></td></tr>
</table>

项目 6

西湖醋鱼

西湖醋鱼

项目目标

1. 搜集西湖醋鱼的历史文化及传承等信息，并能恰当选用合格的原料。
2. 掌握西湖醋鱼的烹调加工步骤、成品质量标准和安全操作注意事项。
3. 能依据“项目实施”做好各项准备，独立完成西湖醋鱼的生产制作。

* * * * * *

项目分析

西湖醋鱼（见图 3-6-1）具有“色泽酱红、口味酸甜适中、鱼肉鲜美滑嫩、略带蟹味”的特点，是浙江十大经典名菜之一，杭帮菜代表菜之一，也是外地人到杭必尝的菜肴。为完成西湖醋鱼的生产制作，传承西湖醋鱼传统技艺，各学员不仅要做好相关准备，还应认真思考并回答完成此菜肴的生产制作所涉及的几个核心问题。

图 3-6-1　西湖醋鱼成品图

1. 查询资料，进一步了解此菜的历史文化传承情况。
2. 制作此菜最常用的主料是什么？
3. 刀工处理时，对主料的处理的规格标准是什么？
4. 对“鱼”进行初熟处理的过程中需要注意什么？
5. 芡汁的稠度标准是什么？

* * * * * *

项目实施

一、主辅料及调味料准备

主辅料： 草鱼 1 条 1000g（见图 3-6-2）；生姜 50g，香葱 50g，湿淀粉 20g（见图 3-6-3）。

调味料： 精盐 5g，鸡精、味精各 2g，胡椒粉 2g，绍酒 15ml，生抽 25ml，蚝油

30g，香醋 40ml（见图 3-6-4）。

图 3-6-2 主料

图 3-6-3 辅料

图 3-6-4 调味料

二、生产制作流程

剁姜末→草鱼加工成型→汆制成熟→装盘→汤汁调味勾芡→淋汁（撒姜末）→成菜。

三、生产制作注意事项

（1）草鱼应提前在清水中放养 2 天，促使其排泄尽草料及泥土味，使鱼肉结实。

（2）锅中用水量要恰到好处。多，则成菜后会失去很大鲜味，同时营养也有一定的损失；少，则鱼身露出太多，传热缓慢，不易成熟。

（3）酱油调色是“西湖醋鱼”的本色，味微甜微酸是此菜的特点。

（4）芡汁稠浓，以浇在鱼身上似流不流为佳，过稠则影响形美，过稀则有损成菜的风格。

四、依据步骤进行生产制作

步骤 1：把生姜去皮切成 0.1cm 厚的薄片（见图 3-6-5），然后切成细丝，再切成碎末（见图 3-6-6），去掉的姜片不要丢掉，用于汆水去腥。

图 3-6-5 切薄片

图 3-6-6 生姜切末

步骤 2：将鱼分成两片，在带背脊的那片鱼身上从离颔下 5cm 处开始斜着片一刀，以后每隔 5cm 斜着片一刀（见图 3-6-7），刀斜深约 4cm，共片 4 刀。在片第三刀时，在第三刀处斩成两段，以便烧煮。

步骤 3：在另一片鱼的脊部厚肉处划一长刀（见图 3-6-8），刀深约 1cm，刀斜向腹部，由尾部划向颔下，不要损伤鱼皮。

图 3-6-7　斜刀片鱼

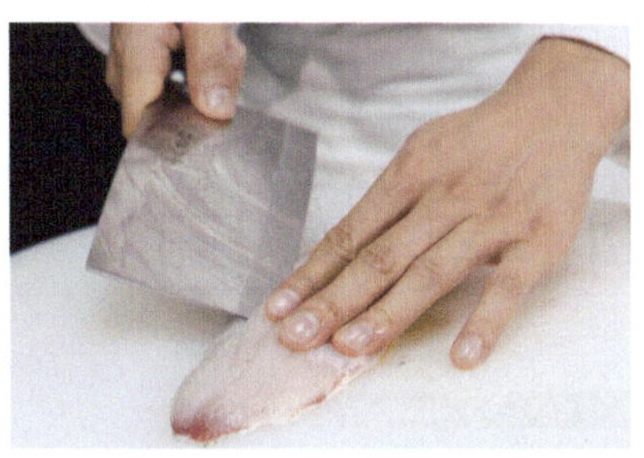

图 3-6-8　切制鱼背脊

步骤 4：锅中放入清水，加葱段、姜片，用精盐、胡椒粉、鸡精、味精调味，水沸腾后鱼皮面向外下入鱼煮制（见图 3-6-9），微沸状态煮约 3 分钟后关火后焖 5 分钟捞出装盘。

步骤 5：倒出汤汁，锅内加入少许的原汤和适量的酱油、绍酒、白糖、香醋和蚝油，烧开后加入湿淀粉使汤汁达到包芡的标准，淋在鱼身上（见图 3-6-10），最后撒上姜末即成。

图 3-6-9　煮制鱼肉

图 3-6-10　淋酱汁

综合评价

生产制作完成后，由你本人、你所在的小组其他成员和生产制作指导老师组成综合性评价小组，填写下列评价表。

<table>
<tr><th rowspan="3">评价项</th><th colspan="8">评分项</th><th rowspan="3">比例</th><th rowspan="3">分值</th></tr>
<tr><th colspan="2">生产制作前</th><th colspan="3">生产制作中</th><th colspan="2">生产制作后</th><th>合计</th></tr>
<tr><th>资料查找 10%</th><th>项目分析 20%</th><th>原料准备 10%</th><th>生产规范 20%</th><th>成品质量 15%</th><th>清洁卫生 15%</th><th>实训报告 10%</th><th>100%</th></tr>
<tr><td>自我评价</td><td></td><td></td><td></td><td></td><td></td><td></td><td></td><td></td><td>30%</td><td></td></tr>
<tr><td>小组评价</td><td></td><td></td><td></td><td></td><td></td><td></td><td></td><td></td><td>30%</td><td></td></tr>
<tr><td>老师评价</td><td></td><td></td><td></td><td></td><td></td><td></td><td></td><td></td><td>40%</td><td></td></tr>
<tr><td colspan="9">总　分</td><td>100%</td><td></td></tr>
</table>

项目 7

徽州臭鳜鱼

徽州臭鳜鱼

项目目标

1. 搜集徽州臭鳜鱼的历史文化及传承等信息，并能恰当选用合格的原料。
2. 掌握徽州臭鳜鱼的烹调加工步骤、成品质量标准和安全操作注意事项。
3. 能依据“项目实施”做好各项准备，独立完成徽州臭鳜鱼的生产制作。

* * * * * *

项目分析

徽州臭鳜鱼（见图 3-7-1）具有“散发出纯正、特殊的腌鲜香味，肉质细腻，醇香入味”的特点，是安徽十大经典名菜之一。安徽做臭鳜鱼最出名的地方是黄山、绩溪、歙县一带，此菜成为当地旅游必打卡的特色美食。此菜具有如此影响力，关键在于它的特殊性，在烹制之前，腌制后的鳜鱼闻起来“臭”，烹制后的鳜鱼吃起来香。这一“臭”一香，形成了鲜明的对比，更增加了此菜的魅力。为完成徽州臭鳜鱼的生产制作，传承徽州臭鳜鱼传统技艺，各学员不仅要做好相关准备，还应认真思考并回答完成此菜肴的生产制作所涉及的几个核心问题。

图 3-7-1　徽州臭鳜鱼成品图

1. 查询资料，了解臭鳜鱼的“臭”味是如何形成的。
2. 制作此菜，在调味时需要注意什么？
3. 制作此菜需要经过哪些基本工艺流程？
4. 煎制臭鳜鱼时需要注意哪些关键？

* * * * * *

项目实施

一、主辅料及调味料准备

主辅料：腌制好的臭鳜鱼 1 条约 600g（见图 3-7-2）；五花肉 20g，水发香菇 20g，冬笋 20g，生姜 10g，蒜粒 10g，小米椒 10g，香葱 12g（见图 3-7-3）。

调味料：料酒 6ml，白糖 8g，鲜汤 400ml，老抽 3ml，生抽 8ml，蚝油 12g，海鲜酱 8g，陈醋 6ml，猪油 10g，红油 12ml（见图 3-7-4）。

图 3-7-2　主料

图 3-7-3　辅料

图 3-7-4　调味料

二、生产制作流程

刀工处理→煎制鳜鱼→调制酱汁→烧制成菜→出锅装盘。

三、生产制作注意事项

（1）由于臭鳜鱼自身含有一定的咸味成分，老抽、生抽、蚝油、海鲜酱等也含有一定的咸味成分，因此，在烹调中需要注意使用量，并控制盐的使用。

（2）臭鳜鱼需要煎制，煎制之后其“臭”味便能变成特殊的香味，方可用于烹调。

（3）烧至汤汁近干时，需要不断晃动锅，控制火力大小，防止粘锅。

四、依据步骤进行生产制作

步骤 1：将腌制好的臭鳜鱼两面剞上花刀（见图 3-7-5），五花肉切成 1cm 见方的小丁，水发香菇和冬笋分别切成 1cm 见方的小丁，生姜和蒜粒分别切成 0.5cm 的小丁，小米椒切成 1cm 长的段，香葱径切成葱丁（见图 3-7-6）。

图 3-7-5　剞花刀成品

图 3-7-6　辅料刀工成品

步骤 2：锅中倒入约 30ml 食用油，放入姜丁、葱丁等小火煸炒（见图 3-7-7），至姜丁、葱丁微黄后捞出留油，然后放入臭鳜鱼煎制（见图 3-7-8），煎至两面微黄取出。

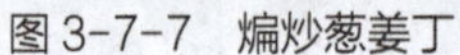

图 3-7-7　煸炒葱姜丁

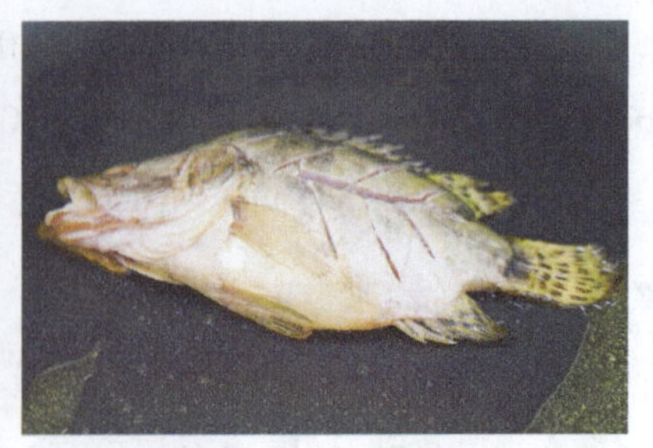

图 3-7-8　煎制臭鳜鱼

步骤 3：炒锅烧热后放入适量的食用油，将五花肉丁放入炒锅中稍微煸炒至微黄，然后放入姜丁、蒜丁、冬笋丁、小米辣节、香菇丁炒至香味浓郁后加入白糖，白糖炒至融化后倒入料酒、陈醋，再放入鲜汤，用老抽、生抽、蚝油、海鲜酱调味调色（见图 3-7-9）。

步骤 4：待汤汁沸腾后放入煎好的臭鳜鱼，盖上锅盖，用中火烧制约 10 分钟后，待汤汁近干时，加入猪油和红油，用手勺将汤汁淋在鱼身上（见图 3-7-10），直到酱汁浓稠时撒入葱丁，采用拖入法装入盛器中即可。

图 3-7-9　调色调味

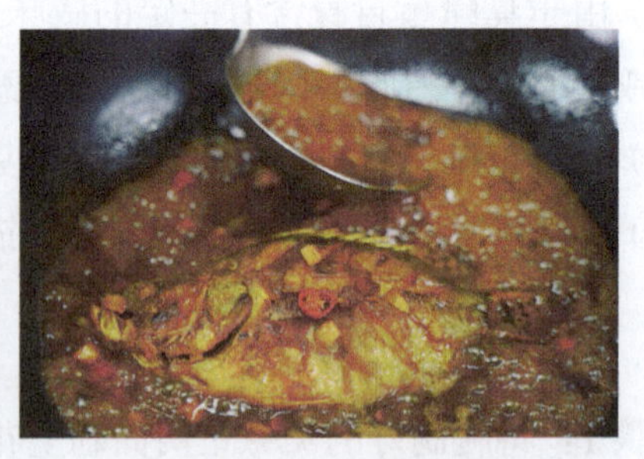

图 3-7-10　烧制、收汁

综合评价

生产制作完成后，由你本人、你所在的小组其他成员和生产制作指导老师组成综合性评价小组，填写下列评价表。

评价项	评分项								比例	分值
	生产制作前		生产制作中			生产制作后		合计		
	资料查找 10%	项目分析 20%	原料准备 10%	生产规范 20%	成品质量 15%	清洁卫生 15%	实训报告 10%	100%		
自我评价									30%	
小组评价									30%	
老师评价									40%	
总　分									100%	

项目 8

胡适一品锅

项目目标

1. 搜集胡适一品锅的历史文化及传承等信息，并能恰当选用合格的原料。
2. 掌握胡适一品锅的烹调加工步骤、成品质量标准和安全操作注意事项。
3. 能依据“项目实施”做好各项准备，独立完成胡适一品锅菜品的生产制作。

* * * * * *

项目分析

图 3-8-1　胡适一品锅成品图

胡适一品锅（见图 3-8-1）具有“乡土风味浓、味厚而鲜、层次丰富、香嫩爽口”的特点，是安徽十大经典名菜之一。胡适一品锅又称“绩溪一品锅”“团圆锅”“一品锅”，是徽州冬季常吃的特色传统美食。一品锅制作起来可繁可简，荤素搭配，一般不可少的是五花肉、蛋饺、油豆腐、干豆角等物。为完成胡适一品锅的生产制作，传承胡适一品锅传统技艺，各学员不仅要做好相关准备，还应认真思考并回答完成此菜肴的生产制作所涉及的几个核心问题。

1. 查询资料，进一步了解此菜的文化传承情况。
2. 查询资料，了解菜名中“一品”的意义。
3. 制作此菜需要经过哪些基本操作流程？
4. 成菜时需采用“焖”“煮”技法，运用时需要注意什么？

* * * * * *

项目实施

一、主辅料及调味料准备

主辅料：水发干豇豆 200g，五花肉 300g，牛肉碎 300g，豉油鸡 300g（见图 3-8-2）；水泡糙米 80g，白萝卜末 100g，老豆腐 200g，油豆腐泡 8 个，鸭蛋2个，熟鹌鹑蛋10个，西蓝花150g（见图3-8-3）。

调味料：葱姜水60ml，精盐8g，干辣椒节10g，生抽4ml，白糖10g，老抽5ml，葱花10g，姜丝15g，水淀粉糊30g，高汤800ml（见图3-8-4）。

图3-8-2　主料

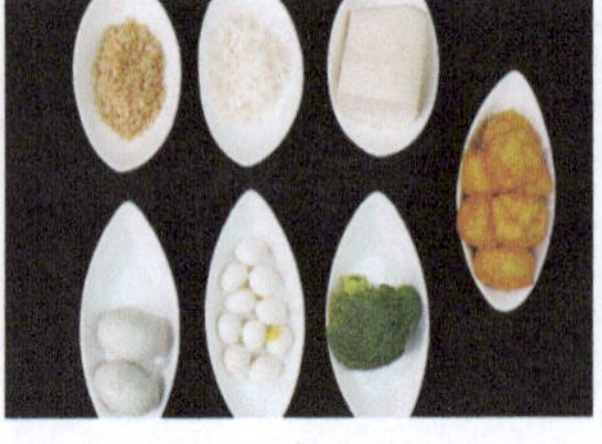
图3-8-3　辅料

图3-8-4　调味料

二、生产制作流程

制作糯米丸→制作酿豆腐泡→制作蛋饺→炒制干豆角→炒制五花肉→装锅→焖煮成菜。

三、生产制作注意事项

（1）此菜不可少的是五花肉、蛋饺、油豆腐、干豇豆等物，其他的鸡肉、肉丸、火腿、笋、香菇等都可以随意添加。

（2）在制作时要将原材料预制半熟，如干豇豆要泡发在高汤中吸饱汁水。

四、依据步骤进行生产制作

步骤1：牛肉碎加入精盐及葱姜水搅打上劲后分成2等份，一份加入水泡糯米拌匀，然后搓成丸子入油锅中炸至熟透（见图3-8-5）；另一份加入白萝卜末拌匀，然后酿入豆泡内（见图3-8-6）；五花肉剁成肉蓉，豇豆切成5cm长的段，豉油鸡砍成3cm见方的块。

图3-8-5　炸制糯米丸子

图3-8-6　豆泡酿肉成品

步骤2：五花肉肉蓉加入精盐及葱姜水搅打上劲后加入豆腐制成鲜肉豆腐馅；将鸭蛋敲入碗中，加水淀粉糊，搅打均匀后煎成薄薄的蛋皮，放入鲜肉豆腐馅制成蛋饺备用（见图3-8-7）。

步骤 3：将干豇豆略炒后用老抽、生抽调味后盛出备用；将五花肉块煸炒至微黄后放入白糖，炒至糖融化后再加入料酒、老抽炒至色棕红后盛出备用（见图 3-8-8）。

图 3-8-7　蛋饺成品

图 3-8-8　干豇豆煸炒成品

步骤 4：将干豇豆放入铁锅中央，在锅边摆酿好的豆腐泡，间隔放入五花肉块，然后放入糙米丸子，中心放一圈蛋饺（见图 3-8-9），然后倒入高汤，用精盐、老抽调色调味。

步骤 5：放在炉上焖煮约 1 小时后将豉油鸡块整齐摆放入锅，再摆上鹌鹑蛋和西蓝花（见图 3-8-10），继续焖煮约 10 分钟，撒上葱花，备炭炉上桌即可。

图 3-8-9　摆放蛋饺

图 3-8-10　摆放鹌鹑蛋和西蓝花

综合评价

生产制作完成后，由你本人、你所在的小组其他成员和生产制作指导老师组成综合性评价小组，填写下列评价表。

<table>
<tr><th rowspan="3">评价项</th><th colspan="8">评分项</th><th rowspan="3">比例</th><th rowspan="3">分值</th></tr>
<tr><th colspan="2">生产制作前</th><th colspan="3">生产制作中</th><th colspan="2">生产制作后</th><th>合计</th></tr>
<tr><th>资料查找 10%</th><th>项目分析 20%</th><th>原料准备 10%</th><th>生产规范 20%</th><th>成品质量 15%</th><th>清洁卫生 15%</th><th>实训报告 10%</th><th>100%</th></tr>
<tr><td>自我评价</td><td></td><td></td><td></td><td></td><td></td><td></td><td></td><td></td><td>30%</td><td></td></tr>
<tr><td>小组评价</td><td></td><td></td><td></td><td></td><td></td><td></td><td></td><td></td><td>30%</td><td></td></tr>
<tr><td>老师评价</td><td></td><td></td><td></td><td></td><td></td><td></td><td></td><td></td><td>40%</td><td></td></tr>
<tr><td colspan="9">总　分</td><td>100%</td><td></td></tr>
</table>

项目 9

半月沉江

项目目标

1. 搜集半月沉江的历史文化及传承等信息，并能恰当选用合格的原料。
2. 掌握半月沉江的烹调加工步骤、成品质量标准和安全操作注意事项。
3. 能依据“项目实施”做好各项准备，独立完成半月沉江的生产制作。

******

项目分析

半月沉江（见图 3-9-1）具有“味鲜清香、色泽分明、半汤半菜”的特点，是福建十大经典名菜之一。这道菜因香菇、面筋色泽分明，宛如半轮月影沉在江底而得名。1962 年，郭沫若先生来南普陀寺参观品尝素菜，席间即兴赋诗《游南普陀》，诗中有云“半月沉江底，千峰入眼窝”，这一句来点出“半月沉江”的菜名，之后，这道菜闻名中外，成为大众食客来此地参观必点的佳肴。为完成半月沉江的生产制作，传承半月沉江传统技艺，各学员不仅要做好相关准备，还应认真思考并回答完成此菜肴的生产制作所涉及的几个核心问题。

图 3-9-1　半月沉江成品图

1. 制作此菜在选料上有什么特别的要求？
2. 查询资料，了解“半月沉江”菜肴名称的来历。
3. 制作此菜需要经过哪些基本的工艺流程？
4. 制作此菜采用了哪些烹饪技法？各用在什么环节？

******

项目实施

一、主辅料及调味料准备

主辅料：水面筋 200g，水发香菇 200g（见图 3-9-2）；冬笋 100g，淀粉 5g（见

图 3–9–3）。

调味料：精盐 5g，当归 4g，味精 3g，蛤晶粉 3g，调味包 1 个（枸杞 5g、干香菇 20g、当归 2g）（见图 3–9–4）。

图 3-9-2　主料

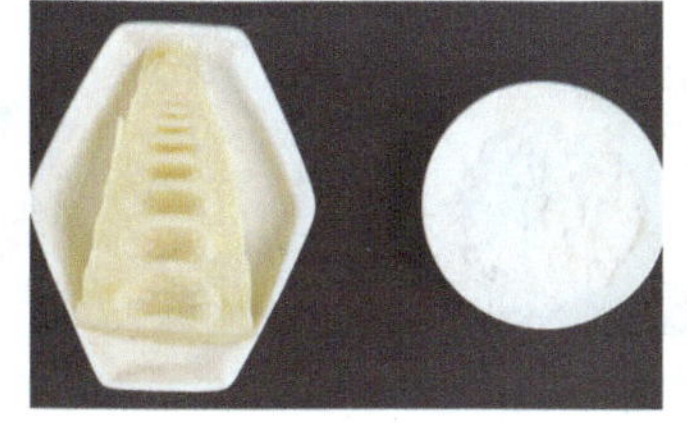

图 3-9-3　辅料

图 3-9-4　调味料

二、生产制作流程

刀工处理→兑调味汁→焯水→煸炒→焖制→调味→出锅装盘。

三、生产制作注意事项

（1）水面筋可以直接在市场上采购成品，也可以根据水面筋加工方法自行制作。

（2）香菇宜选用菌盖厚且完整、菌褶整齐且细密、菌柄短而粗状、色泽鲜明亮丽者为佳。

（3）制作的面筋应大小均匀一致，炸制过程应恰控制油温，避免面筋颜色过深。

四、依据步骤进行生产制作

步骤 1：将水面筋制成直径约 4cm、厚度 1cm 圆块状，水发香菇去蒂后切成大小均匀的圆形，冬笋切成大丁状（见图 3–9–5）。

步骤 2：炒锅中倒入植物油烧至六成热，放入面筋粒炸制（见图 3–9–6），待浮起呈赤红色时捞出，然后放入沸水中，浸泡至回软，捞出沥干水，再切成小块状。

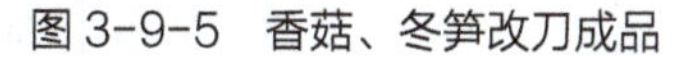

图 3-9-5　香菇、冬笋改刀成品

图 3-9-6　炸制面筋

步骤 3：汤锅置火上，放入水 500ml，加入素调味包，待沸腾后放入面筋、香菇、冬笋和精盐煮制（见图 3–9–7），待原料熟透时，捞起沥干；剩余的汤汁放入大碗内沉淀备用。

步骤 4：另取一只碗，碗内壁涂上植物油，再将香菇片和面筋分别放在碗内两边，再加入冬笋块和经过沉淀的煮料原汤（见图 3-9-8）。

图 3-9-7　煮制

图 3-9-8　装入扣碗

步骤 5：取一只小碗，放入当归和水 150ml（见图 3-9-9）；将两只碗一并放入笼内旺火蒸约 35 分钟，取出后滗出汤汁备用。将蒸好的菜肴扣入汤碗中，滗出的汤汁和当归水倒入锅中，用精盐、味精和蛤晶粉调味煮沸，然后用淀粉水勾芡，再轻轻浇入盛菜的汤碗中（见图 3-9-10）即成。

图 3-9-9　当归泡水

图 3-9-10　淋入汤汁

综合评价

生产制作完成后，由你本人、你所在的小组其他成员和生产制作指导老师组成综合性评价小组，填写下列评价表。

评价项	评分项								比例	分值
	生产制作前		生产制作中			生产制作后		合计		
	资料查找 10%	项目分析 20%	原料准备 10%	生产规范 20%	成品质量 15%	清洁卫生 15%	实训报告 10%	100%		
自我评价									30%	
小组评价									30%	
老师评价									40%	
总　分									100%	

项目 10

海蛎煎

项目目标

1. 搜集海蛎煎的历史文化及传承等信息，并能恰当选用合格的原料。
2. 掌握海蛎煎的烹调加工步骤、成品质量标准和安全操作注意事项。
3. 能依据“项目实施”做好各项准备，独立完成海蛎煎的生产制作。

* * * * * *

项目分析

海蛎煎（见图 3-10-1）具有“鲜美酥香、酥而不硬、脆而不软”的特点，是福建十大经典名菜之一。此菜在闽语系地区自古有之。为完成海蛎煎的生产制作，传承海蛎煎传统技艺，各学员不仅要做好相关准备，还应认真思考并回答完成此菜肴的生产制作所涉及的几个核心问题。

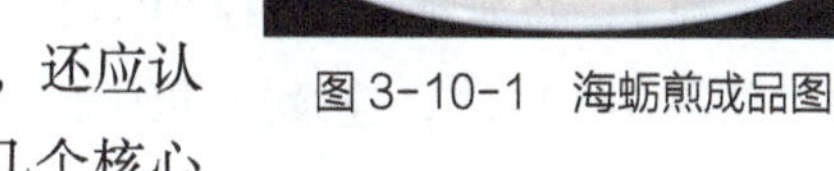

图 3-10-1　海蛎煎成品图

1. 查询资料，了解海蛎的烹饪运用特点。
2. 制作此菜，对用于煎的锅具有什么特别的要求？
3. 初加工时，如何清洗海蛎才能达到质量标准？
4. 成菜时可以搭配哪些口味的酱料？
5. 制作此菜时使用的淀粉为什么以红薯淀粉为佳？

* * * * * *

项目实施

一、主辅料及调味料准备

主辅料：海蛎 300g（见图 3-10-2）；青蒜 2 根，红薯淀粉 90g，面粉 30g（见图 3-10-3）。

调味料：蚝油 15g，胡椒粉 2g，料酒 6ml，白糖 5g，精盐 1.5g，五香粉 1g，猪油

30g，番茄沙司25g（见图3-10-4）。

图3-10-2 主料

图3-10-3 辅料

图3-10-4 调味料

二、生产制作流程

清洗海蛎→切配青蒜→打散鸡蛋→码味混合调制→煎制定型→淋入蛋液继续煎→出锅搭配番茄沙司上桌。

三、生产制作注意事项

（1）做海蛎煎，选用的淀粉以红薯淀粉为最佳，好的红薯淀粉会让海蛎煎富有弹性和韧劲。

（2）海蛎煎的用油需要选用猪油，这样制作出来的成品更加香。

（3）清洗海蛎一定要温柔，轻轻搅动，过水两三遍后，沥干水分。

（4）酱料的搭配可以根据客人的口味需要选用蒜蓉辣酱、鱼露酱以及番茄沙司等。

四、依据步骤进行生产制作

步骤1：将海蛎放进钢盆中，加入面粉，倒入约1L量的清水，然后用筷子轻轻搅动（见图3-10-5），连续搅动约2分钟后用漏勺捞出，再次放进清水中漂洗，直到水清澈透亮，捞出后沥干水分（见图3-10-6）。

图3-10-5 搅动清洗

图3-10-6 捞出沥水

步骤2：将青蒜的茎切下，然后将茎切开，再与蒜叶码在一起，切成约1cm的小片（见图3-10-7），放在干净的盛器中备用；1个鸡蛋敲入小碗中打散备用。

步骤3：将青蒜片放进盛器中，敲入1个鸡蛋，加入蚝油、胡椒粉、料酒、白糖、精盐、五香粉等调味料搅拌均匀后放入海蛎，继续搅拌均匀后加入红薯淀粉搅拌均匀（见图3-10-8）。

图 3-10-7　切制青蒜

图 3-10-8　码味混合调制

步骤 4：灶上放干净的平底锅，大火烧热，放猪油润锅，放入调制好的海蛎，用炒勺将其摊平，先不着急用炒勺翻动，先用中小火慢慢地将海蛎煎至定型（见图 3-10-9）。

步骤 5：定型后轻轻晃动炒锅，当一面煎好后，用大翻勺将其翻面，继续煎制，来回翻动两次，将海蛎煎熟透，然后在周边淋一圈鸡蛋液（见图 3-10-10），待定型后煎约 30 秒即可出锅，盛放在干净的盛器中，搭配番茄沙司趁热上桌。

图 3-10-9　煎制定型

图 3-10-10　淋入蛋液继续煎

综合评价

生产制作完成后，由你本人、你所在的小组其他成员和生产制作指导老师组成综合性评价小组，填写下列评价表。

评价项	评分项								比例	分值
	生产制作前		生产制作中			生产制作后		合计		
	资料查找 10%	项目分析 20%	原料准备 10%	生产规范 20%	成品质量 15%	清洁卫生 15%	实训报告 10%	100%		
自我评价									30%	
小组评价									30%	
老师评价									40%	
总　分									100%	

项目 11

三杯鸡

项目目标

1. 搜集三杯鸡的历史文化及传承等信息，并能恰当选用合格的原料。
2. 掌握三杯鸡的烹调加工步骤、成品质量标准和安全操作注意事项。
3. 能依据“项目实施”做好各项准备，独立完成三杯鸡的生产制作。

******

项目分析

三杯鸡（见图 3–11–1）具有“肉香味浓、甜中带咸、咸中带鲜、口感柔韧”的特点，是江西十大经典名菜之一。为完成三杯鸡的生产制作，传承三杯鸡传统技艺，各学员不仅要做好相关准备，还应认真思考并回答完成此菜肴的生产制作所涉及的几个核心问题。

图 3–11–1　三杯鸡成品图

1. 查询资料，了解此菜运用的烹饪技法。
2. “三杯”调料的比例应控制在什么范围？
3. 制作该菜的基本流程有哪些？

******

项目实施

一、主辅料及调味料准备

主辅料： 宁都黄鸡 1/2 只约 800g（见图 3–11–2）；蒜粒 50g，生姜 25g，洋葱 50g，青牛角椒 1 个，红牛角椒 1 个，香葱 30g，九层塔 30g（见图 3–11–3）。

调味料： 米酒 1 杯约 80ml，生抽 1 杯约 50ml，芝麻油 1 杯约 40ml，精盐 10g，冰糖 30g，胡椒粉 4g（见图 3–11–4）。

图 3-11-2　主料

图 3-11-3　辅料

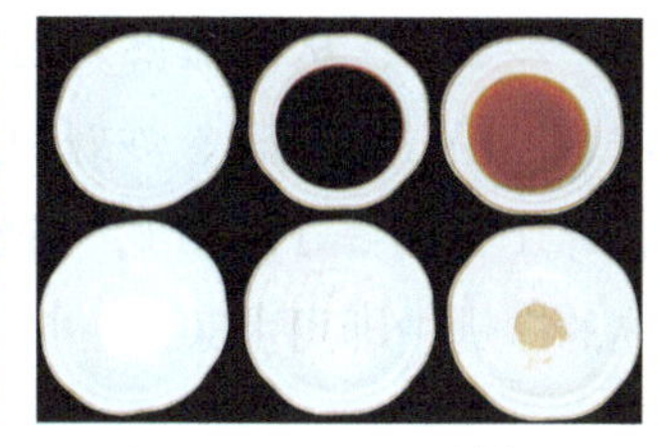

图 3-11-4　调味料

二、生产制作流程

刀工处理→清洗鸡块→腌制→煸炒姜蒜→焖制调味→出锅装盘。

三、生产制作注意事项

（1）鸡肉应优先选用江西宁都特产的宁都黄鸡，是江西省著名的优良地方肉用鸡种，具有肉质细嫩、味道鲜美、营养丰富的品质特征。

（2）此菜加入洋葱、青红牛角椒的目的是丰富菜肴的色彩及营养价值，加入香葱、九层塔主要是为增香。

（3）根据营养学的相关指导，传统使用的猪油更改为更为健康的芝麻油。

四、依据步骤进行生产制作

步骤 1：将宁都黄鸡砍成块（见图 3-11-5），蒜粒切去头尾，生姜切厚片，洋葱切成 3cm 见方的片，青红牛角椒对半剖开后切成边长 3cm 左右的菱形片，香葱切成长 4cm 左右的段，摘下九层塔叶子（见图 3-11-6）。

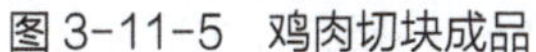

图 3-11-5　鸡肉切块成品

图 3-11-6　辅料刀工成品

步骤 2：将砍成块的宁都黄鸡放入盆中，加入适量的清水（见图 3-11-7），加入精盐 10g，用手连续不断地抓挤约 1 分钟后重新换清水清洗干净，然后捞出控干水分。

步骤 3：将控净水分的宁都黄鸡块放入小盆中，加入适量的精盐、胡椒粉抓拌均匀后加入芝麻油 10ml，继续抓拌均匀腌制（见图 3-11-8）。

步骤 4：炒锅烧热后下入底油约 30ml，放入蒜粒和生姜片炒制，待上色且香味浓郁后盛出备用；锅中加入芝麻油，放入腌制好的鸡肉进行煎制（见图 3-11-9），煎至两面呈焦黄色。

步骤 5：从锅边淋入酱油、米酒，再加入清水约 200ml，大火烧开后开始调味，加入冰糖、胡椒粉、炒好的姜蒜，转中小火烧制约 5 分钟后，加入青红牛角椒片、洋葱片（见图 3-11-10），翻炒至断生后再放入香葱段和九层塔叶翻炒，炒匀后盛入烧热的砂锅中即可上菜。

图 3-11-7　清洗鸡块

图 3-11-8　腌制鸡块

图 3-11-9　煎制鸡肉

图 3-11-10　加入青红牛角椒片、洋葱片

综合评价

生产制作完成后，由你本人、你所在的小组其他成员和生产制作指导老师组成综合性评价小组，填写下列评价表。

评价项	评分项								比例	分值
	生产制作前		生产制作中			生产制作后		合计		
	资料查找 10%	项目分析 20%	原料准备 10%	生产规范 20%	成品质量 15%	清洁卫生 15%	实训报告 10%	100%		
自我评价									30%	
小组评价									30%	
老师评价									40%	
总　分									100%	

项目 12

莲花血鸭

项目目标

1. 搜集莲花血鸭的历史文化及传承等信息，并能恰当选用合格的原料。
2. 掌握莲花血鸭的烹调加工步骤、成品质量标准和安全操作注意事项。
3. 能依据“项目实施”做好各项准备，独立完成莲花血鸭的生产制作。

* * * * * *

项目分析

莲花血鸭（见图 3-12-1）具有“色美味香、鲜嫩可口、肥而不腻、皮薄香鲜”的特点，是江西十大经典名菜之一。该菜是江西省萍乡市莲花县的一道特色名菜，江西省级非物质文化遗产，2021 年 2 月江西省商务厅发布的赣菜“十大名菜”之一。在莲花县，“莲花血鸭”家家爱吃，人人喜欢，已变成一种饮食文化，城乡所有的餐馆，主打菜必定是“莲花血鸭”，民间有“途经莲花不尝鸭，简直让人笑掉牙”之说。为完成莲花血鸭的生产制作，传承莲花血鸭传统技艺，各学员不仅要做好相关准备，还应认真思考并回答完成此菜肴的生产制作所涉及的几个核心问题。

1. 查询资料，进一步了解莲花血鸭的成品质量标准。
2. “米酒血”是如何制作的？
3. 制作此菜的“麻鸭肉”选料标准是什么？
4. 调味时“米酒血”如何运用？

图 3-12-1 莲花血鸭成品图

* * * * * *

项目实施

一、主辅料及调味料准备

主辅料： 麻鸭 1/2 只约 1200g（见图 3-12-2）；鲜红辣椒 300g，老姜 60g，蒜粒 90g，香葱 15g，油酥黄豆 50g（见图 3-12-3）。

调味料：米酒血（米酒和鸭血搅拌而成）150ml，米酒 20ml，老抽 8ml，生抽 20ml，精盐 6g，鸡精 5g，胡椒粉 2g，茶油 50ml（见图 3-12-4）。

图 3-12-2 主料

图 3-12-3 辅料

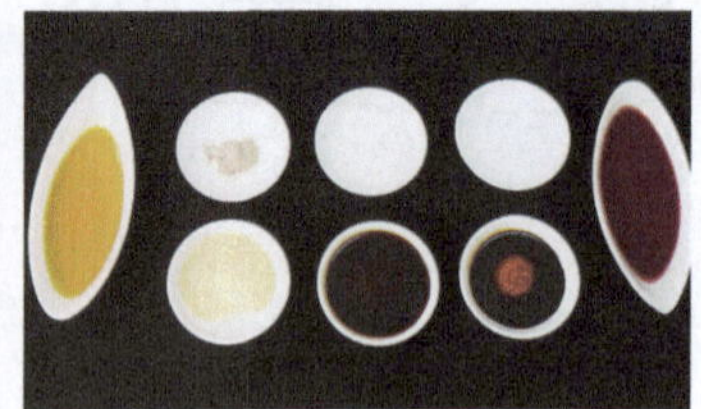

图 3-12-4 调味料

二、生产制作流程

刀工处理→煸炒鸭肉→焖制→倒入米酒血、调味→出锅装盘→点缀上菜。

三、生产制作注意事项

（1）鸭肉不要选太肥太老的鸭肉，要选嫩仔鸭，瘦肉多、脂肪少的水鸭为佳。

（2）由于地区差异有些地区会添加炒制熟透的黄豆碎或花生仁碎等。

四、依据步骤进行生产制作

步骤 1：将麻鸭先斩成条再斩成 1.5cm 见方的小块（见图 3-12-5），鲜红辣椒切成 1cm 长的辣椒圈，老姜拍松再切成 1cm 见方的小丁，蒜粒去掉头尾切成 1cm 见方的小丁，香葱切成葱花（见图 3-12-6）。

图 3-12-5 鸭肉切块

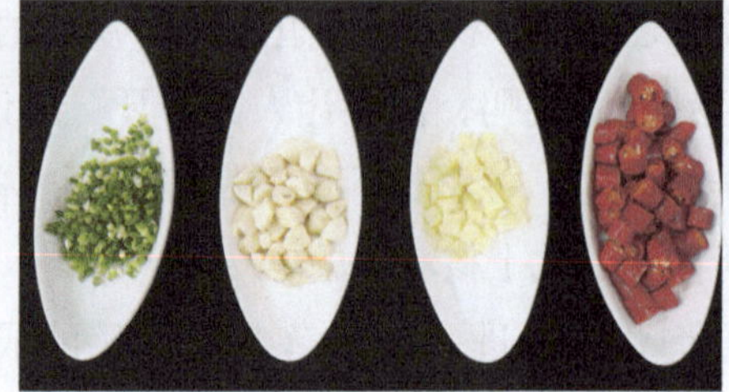

图 3-12-6 辅料改刀成品

步骤 2：将炒锅烧热，倒入茶油，加入精盐，然后放入斩好的鸭块，加入米酒，使用中火不断煸炒（见图 3-12-7），待煸炒至油色透明时盛出鸭肉，留下油脂备用。

步骤 3：将姜丁、蒜丁放入锅中爆炒（见图 3-12-8），待香味渗出后放入初步炒制过的鸭肉，稍微翻炒均匀后倒入辣椒圈大火翻炒。

步骤 4：翻炒至辣椒圈熟透后放入老抽调色，翻炒至色均匀再加入生抽继续翻炒（见图 3-12-9），然后加入纯净水，使之没过鸭肉，盖上锅盖焖煮。

步骤 5：焖煮约 10 分钟，至汤汁为原 1/10 量时，放入鸡精、胡椒粉翻炒均匀，然后将米酒血搅拌均匀，倒入锅中，一边倒一边翻炒，待米酒血熟透且均匀地沾裹在鸭肉上时出锅装盘（见图 3-12-10），撒上葱花和油酥黄豆即可。

图 3-12-7　煸炒鸭肉

图 3-12-8　煸炒姜蒜

图 3-12-9　炒制鸭肉

图 3-12-10　出锅装盘

综合评价

生产制作完成后，由你本人、你所在的小组其他成员和生产制作指导老师组成综合性评价小组，填写下列评价表。

评价项	评分项								比例	分值
	生产制作前		生产制作中			生产制作后		合计		
	资料查找 10%	项目分析 20%	原料准备 10%	生产规范 20%	成品质量 15%	清洁卫生 15%	实训报告 10%	100%		
自我评价									30%	
小组评价									30%	
老师评价									40%	
总　分									100%	

项目 13

九转大肠

项目目标

1. 搜集九转大肠的历史文化及传承等信息，并能恰当选用合格的原料。
2. 掌握九转大肠的烹调加工步骤、成品质量标准和安全操作注意事项。
3. 能依据“项目实施”做好各项准备，独立完成九转大肠的生产制作。

******

项目分析

九转大肠（见图 3-13-1）具有“红润透亮，酸、甜、香、辣、咸五味俱全，食之软嫩，肥而不腻”的特点，是山东十大经典名菜之一。为完成九转大肠的生产制作，传承九转大肠传统技艺，各学员不仅要做好相关准备，还应认真思考并回答完成此菜肴的生产制作所涉及的几个核心问题。

图 3-13-1　九转大肠成品图

1. 查询资料，进一步熟悉清洗肥肠的最佳方法。
2. 在肥肠选用方面有什么特别的要求？
3. 如何去除肥肠的异味？
4. 如何调味烹调才能让成品具有红润透亮的成品标准？

******

项目实施

一、主辅料及调味料准备

主辅料：新鲜肥肠 2 条约 1500g（见图 3-13-2）；大葱 50g，老姜 10g，香菜 10g，蒜粒 5g（见图 3-13-3）。

调味料：生抽 15ml，香醋 50ml，精盐 2g，料酒 10ml，白糖 100g，高汤 150ml，胡椒粉 1g，肉桂粉 0.5g，砂仁粉 0.5g，猪大油 25g，花椒油 15ml（见图 3-13-4）。

图 3-13-2　主料

图 3-13-3　辅料

图 3-13-4　调味料

二、生产制作流程

刀工处理→焯水→炒糖色→煸炒→煨㸆→调味→出锅装盘。

三、生产制作注意事项

（1）套肠是制作此道菜肴的关键环节之一，需要套紧、固定好。

（2）套肠处理之后，需要焯水处理，在焯水过程中可加入葱、姜、料酒、香叶、八角、辣椒等，焯水过程中的浮沫也需要撇去，这样可以保证焯水达到去腥的效果。

四、依据步骤进行生产制作

步骤 1：肥肠加精盐和白醋反复抓制后用清水漂洗干净，然后将其翻转，用剪刀剪去多余的肥油（见图 3-13-5），再加精盐和白醋抓制，再次用清水漂洗干净；大葱切成 3cm 左右的段、老姜切片、蒜粒切丁、香菜切末（见图 3-13-6）。

图 3-13-5　剪去肥油

图 3-13-6　辅料刀工成品

步骤 2：把清洗干净的肥肠对折后将其套入另一端，然后采用同样的方法再进行第二次对折套入，最后形成 4 层的条状物，然后用牙签插入固定（见图 3-13-7）。

步骤 3：把套好的肥肠入锅，加入清水、姜片、葱节、料酒等煮至熟透后捞出，用清水洗净，充分放凉后切成约 3cm 的长段（见图 3-13-8），再用牙签呈“十”字形固定。

步骤 4：将固定好的肥肠放入六成热的油温中炸制定型上色后捞出，锅内加入猪大油、白糖，慢火炒至棕红色时，放入初步处理好的肥肠，颠翻至上色均匀（见图 3-13-9）。

步骤 5：将肥肠推至炒锅边，加葱段、姜片、蒜粒炒出香味，加入香醋、生抽、精盐、高汤、料酒后翻炒均匀，用微火煨制，待汤汁收少时，加胡椒粉、肉桂粉、砂仁粉和花椒油颠翻均匀出锅，然后拔掉牙签，摆放在平碟内（见图 3-13-10），点缀上香菜末即成。

图 3-13-7　套肠成品

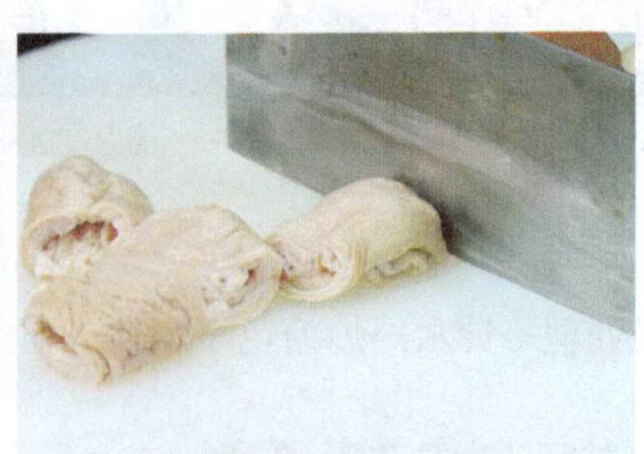
图 3-13-8　切制成段

图 3-13-9　炸制肥肠

图 3-13-10　装盘

综合评价

生产制作完成后，由你本人、你所在的小组其他成员和生产制作指导老师组成综合性评价小组，填写下列评价表。

评价项	评分项								比例	分值
	生产制作前		生产制作中			生产制作后		合计		
	资料查找 10%	项目分析 20%	原料准备 10%	生产规范 20%	成品质量 15%	清洁卫生 15%	实训报告 10%	100%		
自我评价									30%	
小组评价									30%	
老师评价									40%	
总　分									100%	

项目 14

糖醋鲤鱼

项目目标

1. 搜集糖醋鲤鱼的历史文化及传承等信息，并能恰当选用合格的原料。
2. 掌握糖醋鲤鱼的烹调加工步骤、成品质量标准和安全操作注意事项。
3. 能依据“项目实施”做好各项准备，独立完成糖醋鲤鱼的生产制作。

* * * * * *

项目分析

糖醋鲤鱼（见图 3–14–1）具有“外焦里嫩，口味酸甜、稍咸，尾部弯翘，造型美观”的特点，是山东十大经典名菜之一，也是山东济南地区的传统名菜。为完成糖醋鲤鱼的生产制作，传承糖醋鲤鱼传统技艺，各学员不仅要做好相关准备，还应认真思考并回答完成此菜肴的生产制作所涉及的几个核心问题。

1. 制作此菜时，鲤鱼的选用标准是什么？
2. 初步加工时，对鲤鱼的加工标准是什么？
3. 调制糖醋汁的用料标准和基本要求是什么？
4. 炸制鲤鱼时“火力”“油温”的标准是什么？

图 3–14–1　糖醋鲤鱼成品图

* * * * * *

项目实施

一、主辅料及调味料准备

主辅料：鲤鱼 1 条约重 750g（见图 3–14–2）；鸡蛋 2 个，面粉 50g，干淀粉 200g，熟青豆粒 20g，大葱 40g，生姜 30g，蒜粒 2 颗，湿淀粉 35g（见图 3–14–3）。

调味料：白糖 60g，精盐 4g，鸡精 2g，酱油 15ml，香醋 50ml（见图 3–14–4）。

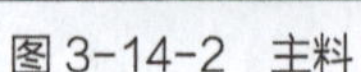
图3-14-2　主料

图3-14-3　辅料

图3-14-4　调味料

二、生产制作流程

刀工处理→宰杀鲤鱼→剞牡丹花刀→腌制→调制全蛋糊→挂糊炸制→装盘定型→炒制糖醋汁→浇汁成菜。

三、生产制作注意事项

（1）制作此菜宜选用750g左右的鲜活鲤鱼，鲤鱼不宜过大，过大则鱼肉太厚不易炸透、炸酥。

（2）剞刀要整齐划一，深浅一致，刀深至背脊骨，花纹才清晰。

（3）炸鱼的时候需要分两次进行，第一次“定型”，第二次“上色”“酥脆”。

（4）调制糖醋汁时，需要控制好糖醋比例，并掌握好芡汁浓稠度。

四、依据步骤进行生产制作

步骤1：将25g大葱、15g生姜拍破后用料酒浸泡成葱姜酒汁（见图3-14-5），剩余的生姜、大葱及蒜粒切末（见图3-14-6）备用。

图3-14-5　浸泡葱姜酒汁

图3-14-6　配菜刀工成型

步骤2：活鲤鱼去鳞、鳃后开膛去内脏，洗净；在鱼身两侧每隔1cm左右均匀地剞上牡丹花刀，倒提鱼尾，两边剞花刀的鱼肉能从尾部向下翻卷（见图3-14-7）。将鱼放入盆中用精盐、鸡粉、葱姜酒汁腌制，腌制约10分钟取出备用。

步骤3：鸡蛋磕破入碗，加面粉、干淀粉与适量的水调成全蛋糊（见图3-14-8）。

步骤4：净锅置旺火上，放油烧到七成热，将鲤鱼全身裹匀全蛋糊后入油锅内炸制，趁鱼身软时用筷子将鱼身定型，炸成浅黄色捞出，待油温升至七成热时，再将鱼复炸成金黄色，捞出，放入盛器内（见图3-14-9）。

步骤 5：锅内放葱、姜、蒜末炒香后加入少许清水，再放入调味料等烧开，然后用湿淀粉勾芡至浓稠，淋入包尾油，加熟青豆后均匀浇在鱼身上（见图 3-14-10），趁热上桌即可。

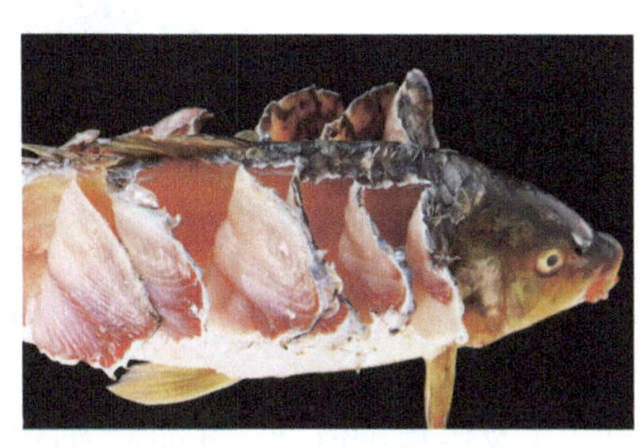

图 3-14-7　剞牡丹花刀

图 3-14-8　调全蛋糊

图 3-14-9　炸制定型成品

图 3-14-10　浇淋糖醋汁

综合评价

生产制作完成后，由你本人、你所在的小组其他成员和生产制作指导老师组成综合性评价小组，填写下列评价表。

<table>
<tr><th rowspan="3">评价项</th><th colspan="8">评分项</th><th rowspan="3">比例</th><th rowspan="3">分值</th></tr>
<tr><th colspan="2">生产制作前</th><th colspan="3">生产制作中</th><th colspan="2">生产制作后</th><th>合计</th></tr>
<tr><th>资料查找 10%</th><th>项目分析 20%</th><th>原料准备 10%</th><th>生产规范 20%</th><th>成品质量 15%</th><th>清洁卫生 15%</th><th>实训报告 10%</th><th>100%</th></tr>
<tr><td>自我评价</td><td></td><td></td><td></td><td></td><td></td><td></td><td></td><td></td><td>30%</td><td></td></tr>
<tr><td>小组评价</td><td></td><td></td><td></td><td></td><td></td><td></td><td></td><td></td><td>30%</td><td></td></tr>
<tr><td>老师评价</td><td></td><td></td><td></td><td></td><td></td><td></td><td></td><td></td><td>40%</td><td></td></tr>
<tr><td colspan="9">总　分</td><td>100%</td><td></td></tr>
</table>

项目 15

凤梨苦瓜鸡

凤梨苦瓜鸡

项目目标

1. 搜集凤梨苦瓜鸡的历史文化及传承等信息，并能恰当选用合格的原料。
2. 掌握凤梨苦瓜鸡的烹调加工步骤、成品质量标准和安全操作注意事项。
3. 能依据“项目实施”做好各项准备，独立完成凤梨苦瓜鸡的生产制作。

******

项目分析

凤梨苦瓜鸡（见图 3–15–1）具有“入口浓醇、先咸鲜后回甘、清冽可口”的特点，是台湾十大经典名菜之一，是家喻户晓的家常菜。凤梨本身带有的甜份可以中和苦瓜的苦味，同时还可以带出苦瓜中的一丝清甜。在当地餐馆用餐，来来往往的客人中十有八九都会点上一份，清爽败火，实为夏季的佳品。为完成凤梨苦瓜鸡的生产制作，传承凤梨苦瓜鸡传统技艺，各学员不仅要做好相关准备，还应认真思考并回答完成此菜肴的生产制作所涉及的几个核心问题。

图 3–15–1 凤梨苦瓜鸡成品图

1. 查询资料，了解主料的最佳选用标准是什么。
2. 如何烹调才能达到最佳的成品质量标准？
3. 刀工处理时，各用料的处理规格标准是什么？
4. 制作此菜时，在调味方面需要注意哪些？

******

项目实施

一、主辅料及调味料准备

主辅料：土鸡 1/2 只约 1200g，苦瓜 1 根约 400g，去皮凤梨约 200g（见图 3–15–2）；老姜 25g，白洋葱 1/4 个约 80g，丁香鱼干 15g（见图 3–15–3）。

调味料：米酒 300ml，精盐 8g，香油 3ml（见图 3–15–4）。

图 3-15-2 主料

图 3-15-3 辅料

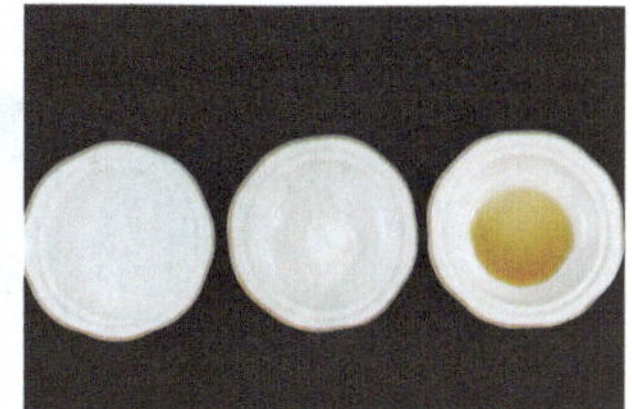

图 3-15-4 调味料

二、生产制作流程

刀工处理→焯水→煸炒→煮制→调味→出锅装盘。

三、生产制作注意事项

（1）制作此菜宜选用浅绿色或者白色的苦瓜，此类苦瓜苦味较低；鸡肉可选择鸡腿肉，这个部位的肉煲汤更合适。

（2）丁香鱼干煲汤有独特的香气，主要是用作汤底。丁香鱼干先洗净泡软，然后加适量清水，用中小火焖煮片刻，熬成高汤。

四、依据步骤进行生产制作

步骤 1：将土鸡放在砧板上砍成 3cm 见方的块（见图 3-15-5），苦瓜对半剖开后用勺子挖出中心的瓤，然后切成小块状，凤梨切成 4 等份后再切成小块状，老姜切成厚片，白洋葱切块（见图 3-15-6），丁香鱼干用清水浸泡待用。

图 3-15-5 鸡肉切块成品

图 3-15-6 刀工成品

步骤 2：锅中放入约 1L 清水，将砍好的鸡块放入，加热至水沸腾后不断撇除汤面的浮沫，待杂质、污物煮出后捞出（见图 3-15-7），用清水清洗净。

步骤 3：热锅放入底油，加入姜片煸炒至姜香味浓郁后放入洋葱爆香，接着鸡肉下锅炒，炒出鸡肉的香气后加入米酒（见图 3-15-8），将鸡肉铺平后继续烧制。

步骤 4：烧制约 5 分钟，待汤汁味浓郁时加入苦瓜块和泡发好的丁香鱼干，稍微翻炒后加入约 1L 纯净水，采用大火烧至沸腾后加入凤梨块（见图 3-15-9）。

步骤 5：待汤汁再次沸腾时改用小火，盖上盖子，继续炖煮约 25 分钟后打开盖子，放入精盐稍煮，然后淋入香油（见图 3-15-10），搅拌均匀即可出锅。

图 3-15-7　鸡肉焯水

图 3-15-8　烧制鸡肉

图 3-15-9　加入凤梨

图 3-15-10　淋入香油

综合评价

生产制作完成后，由你本人、你所在的小组其他成员和生产制作指导老师组成综合性评价小组，填写下列评价表。

评价项	评分项								比例	分值
	生产制作前		生产制作中			生产制作后		合计		
	资料查找10%	项目分析20%	原料准备10%	生产规范20%	成品质量15%	清洁卫生15%	实训报告10%	100%		
自我评价									30%	
小组评价									30%	
老师评价									40%	
总　分									100%	

项目 16

鱿鱼螺肉蒜

项目目标

1. 搜集鱿鱼螺肉蒜的历史文化及传承等信息，并能恰当选用合格的原料。
2. 掌握鱿鱼螺肉蒜的烹调加工步骤、成品质量标准和安全操作注意事项。
3. 能依据“项目实施”做好各项准备，独立完成鱿鱼螺肉蒜的生产制作。

* * * * * *

项目分析

鱿鱼螺肉蒜（见图 3-16-1）具有“汤味咸甜浓香、螺肉富有弹性、小排软嫩、笋片爽脆”的特点，是台湾十大经典名菜之一，也是过年围炉常出现在餐桌上的年菜。正如它的名字，整道菜品是以螺肉、鱿鱼和蒜苗为主要食材，再加上猪小排和冬笋等原料，增添了鲜甜的“螺肉罐头”汤头，使整个菜品口味更加鲜甜。“螺肉罐头”是鱿鱼螺肉蒜的基底，利用泡过螺肉的甜美汤汁“点石成金”。为完成鱿鱼螺肉蒜的生产制作，传承鱿鱼螺肉蒜传统技艺，各学员不仅要做好相关准备，还应认真思考并回答完成此菜肴的生产制作所涉及的几个核心问题。

1. 制作此菜的“螺肉”选用标准是什么？
2. 制作此菜的基本工艺流程包含哪些？
3. 查询资料，进一步分析此菜的成品质量标准。
4. 烹调过程中对“青蒜”和“芹菜”的进锅时间有什么要求？

图 3-16-1　鱿鱼螺肉蒜成品图

* * * * * *

项目实施

一、主辅料及调味料准备

主辅料：猪小排 300g，螺肉罐头 150g（见图 3-16-2）；干鱿鱼 1 块 60g，干香菇 4 个约 20g，冬笋 100g，蒜苗 2 根约 70g，芹菜 1 棵约 90g，干虾仁 8g，蒜粒 15g，姜片 15g（见图 3-16-3）。

调味料：酱油 5ml，料酒 6ml，绍酒 20ml，白胡椒粉 3g，精盐 20g，螺肉汤汁 90ml，橄榄油 20ml（见图 3-16-4）。

图 3-16-2　主料

图 3-16-3　辅料

图 3-16-4　调味料

二、生产制作流程

原料涨发→刀工处理→焯水→煸炒→煮制→调味→出锅装盘。

三、生产制作注意事项

（1）猪小排可以换成猪软骨、梅头肉或五花肉。

（2）罐头汤汁因品牌不同甜度也不同，可以试试味道后根据地方口味特点适当调整。

（3）青蒜和芹菜煮制时间不宜太长，应保持其脆嫩口感和鲜艳的色泽。

四、依据步骤进行生产制作

步骤 1：准备钢盆 1 个，加入清水约 500ml，放入干鱿鱼，再放入 15g 精盐搅拌均匀后浸泡约 3 小时左右捞出（见图 3-16-5）；将干香菇放入小碗中，加入温水浸泡约 2 小时左右捞出（见图 3-16-6）。

图 3-16-5　鱿鱼浸泡成品

图 3-16-6　香菇胀发成品

步骤 2：将泡发好的鱿鱼切成小块，香菇对半切开，猪小排砍成 3.5cm 左右见方的块，冬笋切成厚片，芹菜切段，蒜苗切成斜刀段后将蒜白和蒜绿分开放（见图 3-16-7）。

步骤 3：汤锅中加入清水约 600ml，加入料酒、姜片，放入砍好的猪小排焯水（见图 3-16-8），加热煮至猪小排中污物排除后捞出，用清水清洗干净。

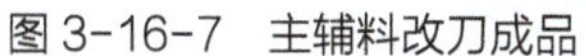
图 3-16-7　主辅料改刀成品

图 3-16-8　猪小排焯水

步骤 4：将干虾仁、蒜粒、香菇块等用橄榄油稍炒后加入鱿鱼块和猪小排炒制，然后加入香菇水、螺肉汤汁煮制（见图 3–16–9），煮制约 5 分钟后加入剩余的螺肉汤汁、螺肉罐头。

步骤 5：再加入冬笋片后盖上盖子煮约 3 分钟后放入蒜茎段和芹菜段，稍煮后放入蒜青（见图 3–16–10），用精盐、白胡椒粉、绍酒调味，待味均匀后盛出即可。

图 3-16-9　加入螺肉煮制

图 3-16-10　加入青蒜煮制

综合评价

生产制作完成后，由你本人、你所在的小组其他成员和生产制作指导老师组成综合性评价小组，填写下列评价表。

<table>
<tr><th rowspan="3">评价项</th><th colspan="8">评分项</th><th rowspan="3">比例</th><th rowspan="3">分值</th></tr>
<tr><th colspan="2">生产制作前</th><th colspan="3">生产制作中</th><th colspan="2">生产制作后</th><th>合计</th></tr>
<tr><th>资料查找
10%</th><th>项目分析
20%</th><th>原料准备
10%</th><th>生产规范
20%</th><th>成品质量
15%</th><th>清洁卫生
15%</th><th>实训报告
10%</th><th>100%</th></tr>
<tr><td>自我评价</td><td></td><td></td><td></td><td></td><td></td><td></td><td></td><td></td><td>30%</td><td></td></tr>
<tr><td>小组评价</td><td></td><td></td><td></td><td></td><td></td><td></td><td></td><td></td><td>30%</td><td></td></tr>
<tr><td>老师评价</td><td></td><td></td><td></td><td></td><td></td><td></td><td></td><td></td><td>40%</td><td></td></tr>
<tr><td colspan="9">总　分</td><td>100%</td><td></td></tr>
</table>

模块测试

一、简答题

1. 简要回答浙江风味菜的组成及各区域的特点。

2. 简要回答江苏十大经典风味名菜有哪些。

3. 简要回答制作素蟹粉的注意事项。

4. 简要回答制作松鼠鳜鱼需要的主辅料和调味料的名称与数量。

5. 简要回答制作西湖醋鱼的工艺流程。

二、实训题

1. 自行组建每组 5 人的调研团队，通过多渠道查询当地是否有销售华东地区菜肴的餐厅，实地调研此家餐厅销售的华东地区菜肴的名称、售价、销量等，然后完成调研报告，制作成 PPT 在班级活动中展示交流。

2. 根据“徽州臭鳜鱼”的原料配备、生产制作流程、制作注意事项、制作步骤等设计一款运用鱼肉制作的中式热菜，并依据设计出的菜谱，采购原料，然后到实训室中将其制作出来，制作好后请计算其成本，并进行定价。

3. 请自行选择一道华东地区代表性名菜进行制作，将制作过程进行全程拍摄，运用多媒体技术剪辑成不超过 1 分钟的短视频，放在自媒体平台进行推广，统计在 24 小时内获赞情况，在班级活动中进行分享展示。

模块4
华中地区风味
代表名菜

学习目标

知识目标

- 了解华中地区风味代表名菜概况。
- 熟悉华中地区风味代表名菜的质量标准及传承情况。
- 掌握华中地区风味代表名菜生产制作流程及注意事项。
- 掌握华中地区风味代表名菜原料选用与调味用料构成及生产制作步骤。

能力目标

- 轮值小组长能根据小组成员的综合能力进行分工，并监督实施；各小组成员能够按照分工，相互配合完成实训工作。
- 能较好地运用鲜活原料初加工技术、刀工技术，依据项目实施相关要求做好华中地区风味代表名菜制作的准备工作。
- 能够制作华中地区风味代表名菜，且工艺流程、制作步骤、成菜质量等符合相关标准。
- 通过对相关知识的学习与华中地区风味代表名菜的深入实训，结合消费者的需求变化，能进行创新、开发适销对路的新华中地区风味代表名菜。

素质目标

- 具有良好的服务意识，关注顾客需求。
- 具备团队合作精神。

模块导读

华中地区历史文化厚重、资源丰富、水陆交通便利，是全国工业、农业的心脏和交通中心之一。华中地区经典名菜主要从河南省、湖北省、湖南省的风味菜肴中精选组成。

一、河南风味菜概况

河南风味菜简称豫菜。河南地处中原，有着悠久的文化历史，是中华文明的重要发源地之一，其饮食文化源远流长、底蕴深厚。在长期的烹饪实践中，河南厨师们总结出许多宝贵经验。在选料上，有“鲤吃一尺，鲫吃八寸”“鸡吃谷熟，鱼吃十”“鞭杆鳝鱼、马蹄鳖，每年吃在三四月”。在刀工上，河南有“切必整齐，片必均匀，解必过半，斩而不乱”的传统技艺。另外，豫菜有长年配头与四季配头，有大配头与小配头，素有看配头下菜的传统习惯。河南对于制汤是非常讲究的。河南在制汤上，分头汤、白汤、毛汤、清汤；制汤的原料，必须“两洗、两下锅、两次撇沫”。遇到需要高级清汤时，还要另加原料，进行套和追，使其达到：清则见底，浓则乳白，味道清醇，浓厚挂唇。豫菜的烹调方法，共有50余种。扒、烧、炸、熘、爆、炒、炝别有特色。其中，扒菜尤为独到，素有“扒菜不勾芡，汤汁自来黏”的美称。

中烹协发布的地方风味名菜中所列河南经典名菜包含炸八块、汴京烤鸭（见图4-0-1）、葱扒羊肉、大葱烧海参、清汤鲍鱼、牡丹燕菜（见图4-0-2）、扒广肚、炸紫酥肉、煎扒鲭鱼头尾、豫式黄河大鲤鱼等十大菜品。

图4-0-1 汴京烤鸭

图4-0-2 牡丹燕菜

二、湖北风味菜概况

湖北风味菜简称鄂菜。鄂菜得益于“千湖之省”和“九省通衢”的物产和地理优势，选料广泛、水产为本，鱼馔突出，其口味鲜醇、微辣，汁浓芡亮，型美质优。烹饪技法上，刀工讲究，技术全面。鄂菜的组成大体是以武汉为中心，包括荆南、襄阳、鄂州、汉沔四种地方风味。荆南风味菜主要是在荆水流域，擅长烧炖野味和小水产，鱼肉鸡鸭合烹，肉糕、鱼圆鲜嫩。襄阳风味菜主要是在汉水流域，以肉禽菜品为主，擅长红扒、熘、炒。鄂州风味菜主要在鄂东南丘陵地区，以加工菜豆瓜果见长，擅烧、炸。汉沔风味菜植根于古云梦大泽一带，包括汉口、沔阳、孝感、黄陂等地，除了沔阳三蒸之外，还以烹制水产和煨汤著名。最具代表性的还是武汉，是名菜、名店集中之地。江鲜、湖鲜，山珍海错，武昌鱼、葡萄鱼、烧鮰鱼、焖甲鱼等脍炙人口。筵席以鱼席为多，如全鱼席、武昌鱼席、鳜鱼席、鮰鱼席、鳝鱼席等，还有全藕席、白云黄鹤席、三燕九扣席等，种类甚多。

中烹协发布的地方风味名菜中所列湖北经典名菜包含腊肉炒菜苔、粉蒸鮰鱼、钟祥盘龙菜、潜江油焖小龙虾、葱烧武昌鱼、原汤氽鱼丸、荆沙甲鱼（见图 4–0–3）、黄州东坡肉、莲藕排骨汤、沔阳三蒸等十大菜品。

图 4–0–3　荆沙甲鱼

三、湖南风味菜概况

湖南风味菜简称湘菜。湘菜由湘江流域、洞庭湖区和湘西山区三种地方风味菜为主组成。湘菜制作精细，用料上比较广泛，口味多变，品种繁多；色泽上油重色浓，讲求实惠；口味上注重香辣、香鲜、软嫩；制法上以煨、炖、腊、蒸、炒诸法见称。湘菜历来重视原料互相搭配，滋味相互渗透。湘菜调味尤重酸辣。因地理位置的关系，湖南气候温和湿润，故人们多喜食辣椒，用以提神去湿。用酸泡菜作调料，佐以辣椒烹制出来的菜肴，开胃爽口，深受青睐，成为独具特色的地方饮食习俗。湘菜烹调技术全面，爆炒是湖南人做菜的拿手技法。煨的功夫更胜一筹，煨，在色泽变化上可分为红煨、白煨；在调味方面有清汤煨、浓汤煨和奶汤煨。小火慢炖，原汁原味。有的菜晶莹醇厚，有的菜汁纯滋养，有的菜软糯浓郁，有的菜酥烂鲜香，许多煨出来的菜肴，成为湘菜中的名馔佳品。

中烹协发布的地方风味名菜中所列湖南经典名菜包含雷公鸭（见图 4–0–4）、红煨水鱼裙爪，腊味合蒸、麻辣仔鸡、红烧海双味、汤泡肚尖、剁椒鱼头、花菇无黄蛋（见图 4–0–5）、发丝牛百叶、毛氏红烧肉等十大菜品。

图 4–0–4　雷公鸭

图 4–0–5　花菇无黄蛋

项目 1

豫式黄河大鲤鱼

项目目标

1. 搜集豫式黄河大鲤鱼的历史文化及传承等信息，并能恰当选用合格的原料。
2. 掌握豫式黄河大鲤鱼的烹调加工步骤、成品质量标准和安全操作注意事项。
3. 能依据“项目实施”做好各项准备，独立完成豫式黄河大鲤鱼的生产制作。

* * * * * *

项目分析

豫式黄河大鲤鱼（见图 4-1-1）具有“色泽鲜亮、汤汁柿红、浓香鲜咸、软嫩可口”的特点，是河南十大经典名菜之一。豫式黄河大鲤鱼的经典做法是红烧和糖醋软熘，而作为豫菜经典名菜的红烧黄河大鲤鱼，曾多次上过国宴，新中国的开国第一宴就有此菜，不仅仅是一道美食，更是一种文化的传承和历史的见证。为完成豫式黄河大鲤鱼的生产制作，传承豫式黄河大鲤鱼传统技艺，各学员不仅要做好相关准备，还应认真思考并回答完成此菜肴的生产制作所涉及的几个核心问题。

图 4-1-1　豫式黄河大鲤鱼成品图

1. 查询资料，了解优质黄河大鲤鱼的品质特征。
2. 制作此菜时选用的烹饪技法有什么特点？
3. “脆皮糊”调制的质量标准是什么？
4. “烧”制鱼的过程中需要注意哪些关键点？

* * * * * *

项目实施

一、主辅料及调味料准备

主辅料：黄河鲤鱼 1 条约 750g（见图 4-1-2）；香葱 20g，生姜 20g，蒜粒 10g，大葱段 2 节约 50g，水发木耳 20g，玉兰笋 20g，五花肉 40g，鸡蛋 1 个（见图 4-1-3）。

调味料：酱油 15ml，精盐 6g，花椒油 5ml，料酒 25ml，淀粉 150g，高汤 750ml（见图 4–1–4）。

图 4-1-2 主料

图 4-1-3 辅料

图 4-1-4 调味料

二、生产制作流程

宰杀鲤鱼→剞花刀→切制配料→腌制鲤鱼→鲤鱼挂糊→炸制鲤鱼→制酱汁→烧制→勾芡→出锅装盘。

三、生产制作注意事项

（1）挂糊时不宜太厚，以鱼的表面能均匀沾裹，且有一定的透明度为佳。

（2）炸制时注意控制油温，达到外酥里嫩。

（3）烧制时要用小火，适当晃动锅即可，不宜过多翻动。

四、依据步骤进行生产制作

步骤 1：将鲤鱼刮鳞、挖鳃、去内脏，洗净后放在砧板上，用刀从鱼鳃盖后每隔 2cm 左右，切一字花刀，每面 8 刀为宜，尾部剞一个十字（见图 4–1–5），两面处理方法相同；香葱切段，生姜和蒜粒均切片，五花肉切成片，玉兰笋切片备用（见图 4–1–6）。

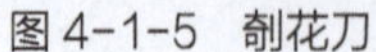

图 4-1-5 剞花刀

图 4-1-6 辅料切配成型

步骤 2：将鱼放入盛器中，加入香葱段、10g 姜片、3g 精盐、15ml 料酒、胡椒粉抓拌均匀（见图 4–1–7），腌制约 10 分钟备用。

步骤 3：鸡蛋打散加入淀粉 140g 及适量的水搅成糊，将调成的糊均匀地抹在鱼身上（见图 4–1–8）备用。

图 4-1-7　腌制鲤鱼

图 4-1-8　鲤鱼挂糊

步骤 4：将锅放火上，加入 1L 左右的食用油，烧至油温六成热，用手掂着鱼尾，用热油稍淋后放入油锅中炸（见图 4-1-9），待鱼两面炸至金黄色将鱼捞出。

步骤 5：锅烧热后倒入食用油 30ml，放大葱段、姜片、蒜片、五花肉片炒出香味，加入高汤，再下入水发木耳、玉兰笋片，加入料酒、精盐、酱油烧至汤沸下鱼，边烧边用手勺往鱼身上浇汁（见图 4-1-10），烧制约 20 分钟，勾流芡，淋入花椒油后盛入盘中，浇上汁即可。

图 4-1-9　炸制鲤鱼

图 4-1-10　烧制

综合评价

生产制作完成后，由你本人、你所在的小组其他成员和生产制作指导老师组成综合性评价小组，填写下列评价表。

评价项	评分项								比例	分值
	生产制作前		生产制作中			生产制作后		合计		
	资料查找 10%	项目分析 20%	原料准备 10%	生产规范 20%	成品质量 15%	清洁卫生 15%	实训报告 10%	100%		
自我评价									30%	
小组评价									30%	
老师评价									40%	
总　分									100%	

项目 2

炸八块

项目目标

1. 搜集炸八块的历史文化及传承等信息，并能恰当选用合格的原料。
2. 掌握炸八块的烹调加工步骤、成品质量标准和安全操作注意事项。
3. 能依据“项目实施”做好各项准备，独立完成炸八块的生产制作。

******

项目分析

炸八块（见图 4-2-1）具有“颜色红黄、干香鲜嫩”的特点，是河南十大经典名菜之一，也是开封市的一道传统名菜。

图 4-2-1　炸八块成品图

为完成炸八块的生产制作，传承炸八块传统技艺，各学员不仅要做好相关准备，还应认真思考并回答完成此菜肴的生产制作所涉及的几个核心问题。

1. 查询资料，了解此菜的传承创新情况。
2. 制作此菜，主料应选用什么样的鸡为佳？
3. 如何对主料进行刀工处理？
4. 炸制时如何操作才能达到“干香鲜嫩”的质量特点？

******

项目实施

一、主辅料及调味料准备

主辅料：光仔鸡 1 只约 900g（见图 4-2-2），大葱片 30g，姜片 20g，鸡蛋清 60g，玉米淀粉 80g（见图 4-2-3）。

调味料：料酒 15ml，酱油 4ml，精盐 3g，胡椒粉 1g，白糖 4g，花椒盐 20g（见图 4-2-4）。

图 4-2-2　主料

图 4-2-3　辅料

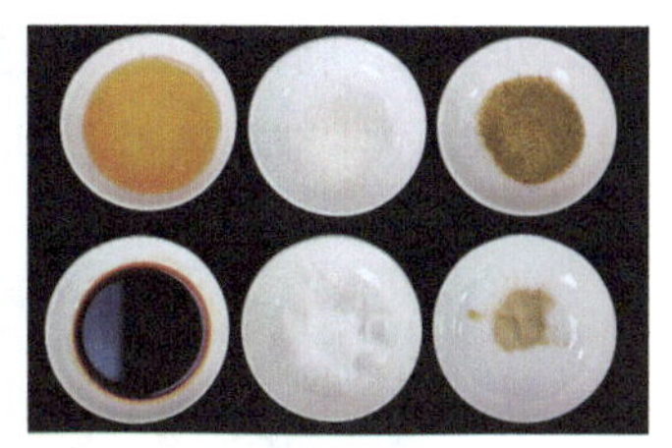

图 4-2-4　调味料

二、生产制作流程

刀工处理→腌制→挂糊→炸制→装盘。

三、生产制作注意事项

（1）制作此菜选用的仔鸡不宜过大，在 900g 左右为宜。

（2）加工时鸡腿骨要砸断，肉用刀切几下。

（3）油炸时要控制好油温，并采用挂淀粉糊的方式保持鸡肉中的水分在炸制过程中不过多挥发，保持鸡肉的嫩度。

四、依据步骤进行生产制作

步骤 1：将光仔鸡的鸡脚、鸡脖子、鸡中翅及翅尖剁下，然后将其平均分成两半后切掉鸡屁股，取一边鸡肉依次切成鸡翅根块、鸡胸块、鸡小腿块、鸡大腿块（见图 4-2-5），以同样的方法将另一半剁成 4 块。再将鸡小腿，鸡翅根用刀分别划开，露出骨头，用刀背将肉敲松定型（见图 4-2-6）。

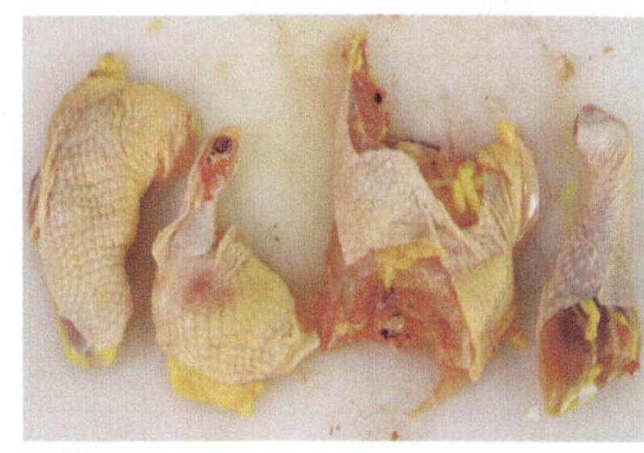

图 4-2-5 "四大块"成型

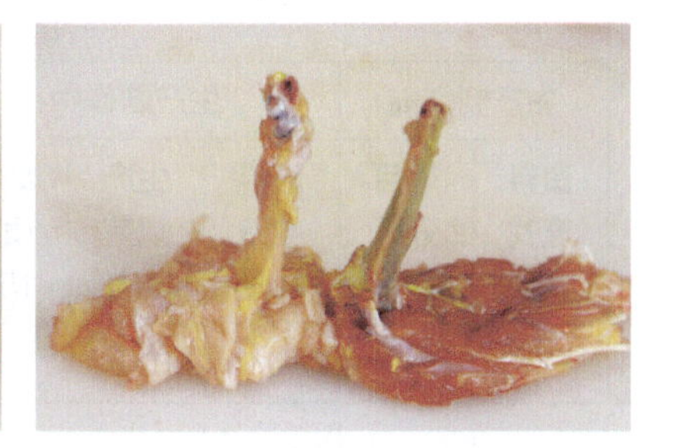

图 4-2-6　鸡小腿、鸡翅根成型

步骤 2：将剁好的鸡块放盆内加入葱片、姜片、胡椒粉、白糖、料酒及酱油等，抓拌均匀腌制（见图 4-2-7），腌制约 30 分钟后拣出葱段、姜片，用净布揌干备用。

步骤 3：将鸡蛋清与玉米淀粉混合，搅拌均匀成蛋清糊后将腌制好的鸡块放入，均匀地挂上糊（见图 4-2-8）。

步骤 4：锅放火上加入 1L 食用油，烧至五成热时，将鸡块逐块下锅炸制，边炸边抖动锅，小火慢炸 5 分钟至熟透捞出（见图 4-2-9），油温升到七成热时，将鸡块复炸一次，至色泽红黄、外焦里嫩时捞出备用。

步骤 5：将炸好的鸡块控净油分，然后趁热将鸡块摆放在盛器中（见图 4-2-10），撒花椒盐或外带花椒盐上桌即成。

图 4-2-7　腌制

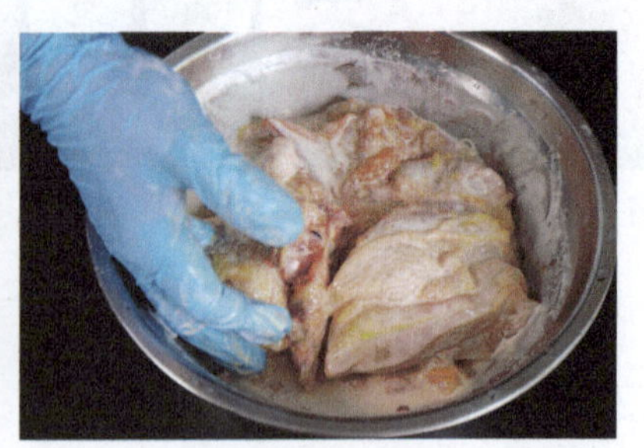
图 4-2-8　挂糊

图 4-2-9　熟透捞出

图 4-2-10　装盘

综合评价

生产制作完成后，由你本人、你所在的小组其他成员和生产制作指导老师组成综合性评价小组，填写下列评价表。

评价项	评分项								比例	分值
	生产制作前		生产制作中			生产制作后		合计		
	资料查找 10%	项目分析 20%	原料准备 10%	生产规范 20%	成品质量 15%	清洁卫生 15%	实训报告 10%	100%		
自我评价									30%	
小组评价									30%	
老师评价									40%	
总　分									100%	

项目 3

炸紫酥肉

项目目标

1. 搜集炸紫酥肉的历史文化及传承等信息，并能恰当选用合格的原料。
2. 掌握炸紫酥肉的烹调加工步骤、成品质量标准和安全操作注意事项。
3. 能依据“项目实施”做好各项准备，独立完成炸紫酥肉的生产制作。

* * * * * *

项目分析

炸紫酥肉（见图 4-3-1）具有“呈柿黄色、光润发亮、外焦里嫩、肥而不腻”的特点，是河南十大经典名菜之一。此菜号称赛烤鸭，是一道极其美味的传统吃食。此菜工艺繁杂，它以猪硬肋五花肉为主料，经过煮、腌、蒸、炸后而成，配以葱丝、甜面酱与荷叶饼上桌。为完成炸紫酥肉的生产制作，传承炸紫酥肉传统技艺，各学员不仅要做好相关准备，还应认真思考并回答完成此菜肴的生产制作所涉及的几个核心问题。

图 4-3-1　炸紫酥肉成品图

1. 查询资料，了解炸紫酥肉名称的来历。
2. 主料选用的质量标准是什么？
3. 制作此菜时需要经过哪些基本流程？
4. 腌制五花肉时需要注意什么？
5. 炸制时需要如何控制油温，才能达到外焦里嫩的质量标准？

* * * * * *

项目实施

一、主辅料及调味料准备

主辅料：猪硬肋五花肉 750g（见图 4-3-2）；黄瓜丝 80g，红甜椒丝 80g，大葱丝 80g，大葱片 50g，鸡蛋清 60g，土豆淀粉 70g，面皮 20 张（见图 4-3-3）。

调味料：花椒 10 粒，八角 2 个，料酒 10ml，白醋 15ml，鸡粉 3g，精盐 5g，甜面酱 50g（见图 4–3–4）。

图 4-3-2 主料

图 4-3-3 辅料

图 4-3-4 调味料

二、生产制作流程

烧猪皮→刮掉猪皮焦煳层→清洗→浸腌→蒸制→调制蛋清糊→挂糊→炸制→切制五花肉→组合成菜。

三、生产制作注意事项

（1）腌肉时间要 2 小时以上，在腌制过程中要翻动两次，并用肉叉在肉上扎些孔，以利于入味。

（2）炸肉时，第一阶段炸制时间较长，炸至表面发硬并熟透时捞出，第二阶段刷醋炸制时间较短，但刷醋动作需要重复 3 次，炸至外酥里嫩。

四、依据步骤进行生产制作

步骤 1：用铁叉将五花肉叉上，将猪皮面放在明火上烧制（见图 4–3–5），待肉皮烧至焦煳后用刀将焦煳层刮掉（见图 4–3–6），然后继续烧制，再刮制，直至肉皮剩半分厚时，用温水反复清洗干净。

图 4-3-5 烧猪皮

图 4-3-6 刮掉猪皮焦煳层

步骤 2：五花肉煮约 15 分钟后捞出，皮朝上放在汤碗中，用葱片、花椒、八角、精盐、料酒、鸡粉加入适量的水浸腌（见图 4–3–7），腌制 2 小时后放入蒸笼中蒸熟透取出。

步骤 3：将鸡蛋清与土豆淀粉混合，搅拌均匀成蛋清糊，然后将蒸制好的肉块放入搅匀备用（见图 4-3-8）。

步骤 4：锅放旺火上，放入食用油，烧至五成热后将挂好糊的肉块入油锅内炸制，炸制约 7 分钟后将肉捞出，在表皮上抹一层白醋（见图 4-3-9），再下锅内炸制约 2 分钟，如此反复 3 次，炸至外酥且肉透后捞出。

步骤 5：将肉块放凉后切成 0.3cm 厚的片（见图 4-3-10），将切好的肉片整齐地装在盘里，搭配上黄瓜丝、红甜椒丝、大葱丝、甜面酱和面皮即可。

图 4-3-7　浸腌

图 4-3-8　挂糊

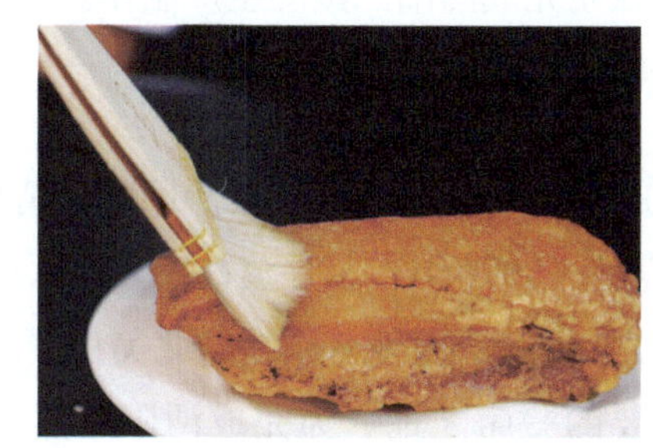

图 4-3-9　刷白醋

图 4-3-10　切制五花肉

综合评价

生产制作完成后，由你本人、你所在的小组其他成员和生产制作指导老师组成综合性评价小组，填写下列评价表。

评价项	评分项								比例	分值
	生产制作前		生产制作中			生产制作后		合计		
	资料查找 10%	项目分析 20%	原料准备 10%	生产规范 20%	成品质量 15%	清洁卫生 15%	实训报告 10%	100%		
自我评价									30%	
小组评价									30%	
老师评价									40%	
总　分									100%	

项目 4

沔阳三蒸

项目目标

1. 搜集沔阳三蒸的历史文化及传承等信息，并能恰当选用合格的原料。
2. 掌握沔阳三蒸的烹调加工步骤、成品质量标准和安全操作注意事项。
3. 能依据“项目实施”做好各项准备，独立完成沔阳三蒸的生产制作。

******

项目分析

沔阳三蒸（见图 4-4-1）具有“鲜嫩软糯、原汁原味、清淡绵软”的特点，是湖北十大经典名菜之一。沔阳三蒸是蒸畜禽、蒸水产和蒸蔬菜的总称，因起源于沔阳（今仙桃市）而得名，是湖北美食中的一颗明珠，在中国名菜系中占有重要的一席之地。为完成沔阳三蒸的生产制作，传承沔阳三蒸传统技艺，各学员不仅要做好相关准备，还应认真思考并回答完成此菜肴的生产制作所涉及的几个核心问题。

图 4-4-1 沔阳三蒸成品图

1. 查询资料，了解沔阳蒸菜的烹饪特点。
2. 选料上有什么特别的要求？
3. 调味时需要考虑哪些方面的因素？
4. 蒸制时应如何控制火候才能达到质量标准？
5. 蒸制此菜时宜采用什么样的器皿盛装？

******

项目实施

一、主辅料及调味料准备

主辅料：皖鱼肉 1 块约 300g，五花肉 1 块约 300g，佛手瓜苗 200g（见图 4-4-2）；早稻粗熟米粉 160g，早稻细生米粉 100g（见图 4-4-3）。

调味料：精盐 10g，味粉 3g，胡椒粉 3g，腐乳汁 20g，姜末 16g，熟猪油 16g，香油 5ml，生抽 10ml，料酒 20ml，葱花 10g（见图 4-4-4）。

图 4-4-2　主料

图 4-4-3　辅料

图 4-4-4　调味料

二、生产制作流程

粉蒸五花肉处理→粉蒸鱼肉处理→粉蒸瓜苗处理→组合装入蒸笼→蒸制成菜。

三、生产制作注意事项

（1）原料要新鲜，尤其是水产原料，才能确保菜肴良好的风味。

（2）调味要适当，蒸肉的调味不可过咸，要考虑酱的使用，适量用盐。

（3）粉蒸肉的火候要充分，肉要蒸到肥肉出油，瘦肉软烂，米粉水润油亮；蒸鱼和蒸菜蒸制熟透即可，不可过火，保证鲜味、色泽、营养和质感。

四、依据步骤进行生产制作

步骤 1：将五花肉切成 5cm 左右长的片（见图 4-4-5），加适量精盐、姜末、料酒、胡椒粉、腐乳汁、酱油腌制约 5 分钟，用粗熟米粉均匀拌上（见图 4-4-6），上笼旺火沸水锅蒸制约 50 分钟至软糯待用。

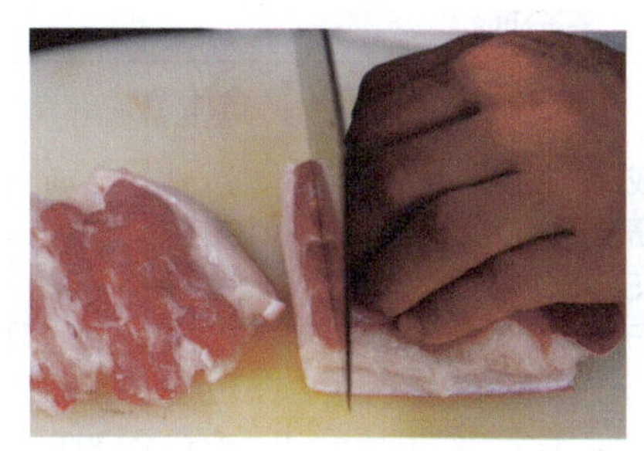

图 4-4-5　切制五花肉

图 4-4-6　五花肉拌上粗熟米粉

步骤 2：将皖鱼肉洗净后切成约 2cm 宽的块状，加适量精盐、姜末、料酒、胡椒粉抓拌均匀后腌制约 5 分钟，然后均匀拌上粗熟米粉（见图 4-4-7），上笼旺火沸水锅蒸约 20 分钟至熟透待用。

步骤 3：将佛手瓜苗洗净沥干水分后切成 4cm 左右的段，拌上细生米粉，放入蒸笼中（见图 4-4-8），旺火蒸制约 6 分钟，取出加入精盐、味粉、熟猪油拌匀待用。

步骤 4：将初步蒸制后的粉蒸鱼块、粉蒸五花肉、粉蒸佛手瓜苗分别整齐地装入竹制蒸笼中（见图 4-4-9）。

步骤 5：装好后放入蒸锅中（见图 4-4-10），大火蒸约 2 分钟后滴入少许香油，然后撒上少许葱花，趁热上桌即成。

图 4-4-7　皖鱼肉拌上粗熟米粉

图 4-4-8　蒸制瓜苗

图 4-4-9　组合装入蒸笼

图 4-4-10　入蒸锅蒸制

综合评价

生产制作完成后，由你本人、你所在的小组其他成员和生产制作指导老师组成综合性评价小组，填写下列评价表。

<table>
<tr><th rowspan="3">评价项</th><th colspan="8">评分项</th><th rowspan="3">比例</th><th rowspan="3">分值</th></tr>
<tr><th colspan="2">生产制作前</th><th colspan="3">生产制作中</th><th colspan="2">生产制作后</th><th>合计</th></tr>
<tr><th>资料查找10%</th><th>项目分析20%</th><th>原料准备10%</th><th>生产规范20%</th><th>成品质量15%</th><th>清洁卫生15%</th><th>实训报告10%</th><th>100%</th></tr>
<tr><td>自我评价</td><td></td><td></td><td></td><td></td><td></td><td></td><td></td><td></td><td>30%</td><td></td></tr>
<tr><td>小组评价</td><td></td><td></td><td></td><td></td><td></td><td></td><td></td><td></td><td>30%</td><td></td></tr>
<tr><td>老师评价</td><td></td><td></td><td></td><td></td><td></td><td></td><td></td><td></td><td>40%</td><td></td></tr>
<tr><td colspan="9">总　分</td><td>100%</td><td></td></tr>
</table>

项目 5

葱烧武昌鱼

项目目标

1. 搜集葱烧武昌鱼的历史文化及传承等信息，并能恰当选用合格的原料。
2. 掌握葱烧武昌鱼的烹调加工步骤、成品质量标准和安全操作注意事项。
3. 能依据“项目实施”做好各项准备，独立完成葱烧武昌鱼的生产制作。

* * * * * *

项目分析

葱烧武昌鱼（见图 4-5-1）具有“味感鲜醇、葱香浓郁、酸甜微辣”的特点，菜味中弥漫着浓、郁、柔、绵、糯等武昌鱼葱烧的味觉特征，是湖北十大经典名菜之一。为完成葱烧武昌鱼的生产制作，传承葱烧武昌鱼传统技艺，各学员不仅要做好相关准备，还应认真思考并回答完成此菜肴的生产制作所涉及的几个核心问题。

1. 查询资料，进一步了解武昌鱼的质量特点。
2. 查询资料，深入了解“葱烧”技法的烹饪特点。
3. 制作此菜时需要经过哪些基本流程？
4. 调味时，如何让成品具有“葱香浓郁”风味特点？

图 4-5-1　葱烧武昌鱼成品图

* * * * * *

项目实施

一、主辅料及调味料准备

主辅料： 鲜活武昌鱼 1 条约 750g（见图 4-5-2）；香葱 90g，红甜椒 30g，生姜 15g，水淀粉 20g（见图 4-5-3）。

调味料： 荆沙豆瓣酱 5g，黄椒酱 20g，剁椒酱 5g，精盐 4g，味粉 3g，白糖 10g，料酒 20ml，生抽 10ml，老抽 5ml，陈醋 10ml，胡椒粉 1g，熟猪油 20g，高汤 500ml（见图 4-5-4）。

图 4-5-2　主料

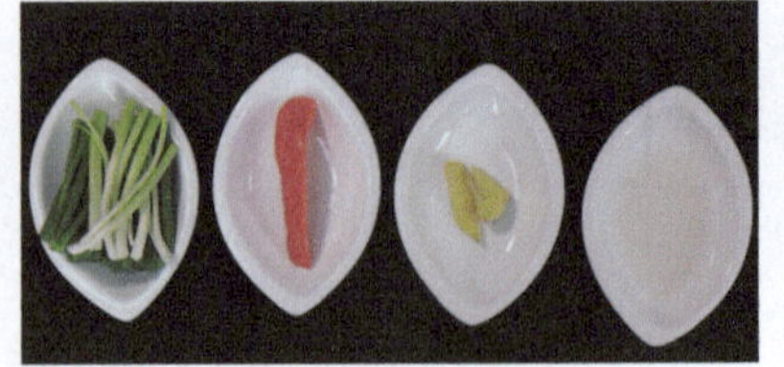
图 4-5-3　辅料

图 4-5-4　调味料

二、生产制作流程

杀鱼→切配菜→煎鱼→炒制酱汁→鱼入锅烧制→收汁装碟→勾芡调味→淋汁成菜。

三、生产制作注意事项

（1）选择鲜活武昌鱼，宰杀整理干净。

（2）煎鱼要煎至色泽金黄，鱼皮紧实。

（3）葱花的使用量要大，分两个不同的阶段加入，以提供葱香浓郁，色泽亮丽的特点。

四、依据步骤进行生产制作

步骤 1：将武昌鱼宰杀洗净，两边剞上十字花刀（见图 4-5-5），用料酒、精盐腌制 10 分钟备用；取 30g 香葱切成葱花，取 60g 香葱切成葱段（见图 4-5-6），红甜椒切成小丁，生姜切末备用。

图 4-5-5　武昌鱼改刀成品

图 4-5-6　香葱改刀成品

步骤 2：锅置火上烧热，倒入食用油滑锅后倒出热油，再加入冷油，放入少许精盐后将腌制好的武昌鱼入锅煎至两面金黄色出锅（见图 4-5-7）。

步骤 3：锅置火上烧热，加入熟猪油、姜末、葱段炒香后放入荆沙豆瓣酱、黄椒酱、剁椒酱等，烹入料酒、生抽，再加高汤、精盐、味粉、白糖、老抽、陈醋，旺火烧开后放入煎好的武昌鱼（见图 4-5-8）。

步骤 4：盖上锅盖，改中小火烧制约 8 分钟，然后采用旺火收汁，待汁收浓后，将烧好的鱼盛入碟子中（见图 4-5-9），留汤汁在锅中备用。

步骤 5：用漏勺将锅中原汤里的粗颗粒捞出，然后加入胡椒粉，用水淀粉勾芡，然后淋入陈醋起锅，撒入红椒丁，将汁淋在鱼身上（见图 4-5-10），撒上葱花即成。

图 4-5-7　煎制鱼

图 4-5-8　烧制鱼

图 4-5-9　取出鱼装碟

图 4-5-10　淋入酱汁

综合评价

生产制作完成后，由你本人、你所在的小组其他成员和生产制作指导老师组成综合性评价小组，填写下列评价表。

评价项	评分项								比例	分值
	生产制作前		生产制作中			生产制作后		合计		
	资料查找 10%	项目分析 20%	原料准备 10%	生产规范 20%	成品质量 15%	清洁卫生 15%	实训报告 10%	100%		
自我评价									30%	
小组评价									30%	
老师评价									40%	
总　分									100%	

项目 6

潜江油焖小龙虾

潜江油焖小龙虾

项目目标

1. 搜集潜江油焖小龙虾的历史文化及传承等信息，并能恰当选用合格的原料。
2. 掌握潜江油焖小龙虾的烹调加工步骤、成品质量标准和安全操作注意事项。
3. 能依据“项目实施”做好各项准备，独立完成潜江油焖小龙虾的生产制作。

******

项目分析

潜江油焖小龙虾（见图 4-6-1）具有“色泽鲜艳，虾肉脆弹，味道香、辣、鲜、醇”的特点，是湖北十大经典名菜之一。为完成潜江油焖小龙虾的生产制作，传承潜江油焖小龙虾传统技艺，各学员不仅要做好相关准备，还应认真思考并回答完成此菜肴的生产制作所涉及的几个核心问题。

图 4-6-1　潜江油焖小龙虾成品图

1. 查询资料，进一步了解潜江地区食用小龙虾的饮食文化特点。
2. 了解与其他地区小龙虾的烹饪加工的区别。
3. 初步加工时，应如何处理小龙虾？
4. 烹饪时如何加工，才能保证菜肴的香气浓郁？

******

项目实施

一、主辅料及调味料准备

主辅料：清水小龙虾 900g（见图 4-6-2）；独蒜 90g，生姜片 20g，葱花 25g（见图 4-6-3）。

调味料：高汤 500ml，精盐 5g，白糖 10g，鸡精 8g，味粉 5g，白胡椒粉 3g，花椒粉 3g，干辣椒段 10g，白酒 30ml，豆瓣酱 30g，八角 5g，甘草 4g，白蔻 7g，香砂仁 3g，桂皮 5.5g，草果 2 个，白芷 8g，香叶 4g，小茴香 4g，丁香 3g（见图 4–6–4）。

图 4-6-2　主料

图 4-6-3　辅料

图 4-6-4　调味料

二、生产制作流程

宰杀小龙虾→浸泡香料→熬制香料油→炸制→炒制调味→出锅装盘。

三、生产制作注意事项

（1）优选清水小龙虾，采购后最好放在清水里养 24~36 小时，使其吐尽泥沙等杂质。

（2）虾壳最好用刷子刷洗，龙虾细爪的根部最容易藏污纳垢，一定要剪掉。

（3）焖制小龙虾的油要充分熬制，保证菜肴的香气浓郁。

四、依据步骤进行生产制作

步骤 1：将清水小龙虾剪去虾头、腹部两侧小爪（见图 4–6–5），保留虾黄部分，将虾尾中间部分拧断，拉出虾肠（见图 4–6–6），将虾背壳用剪刀剪开，逐个刷洗，用清水洗净，控干水分备用。

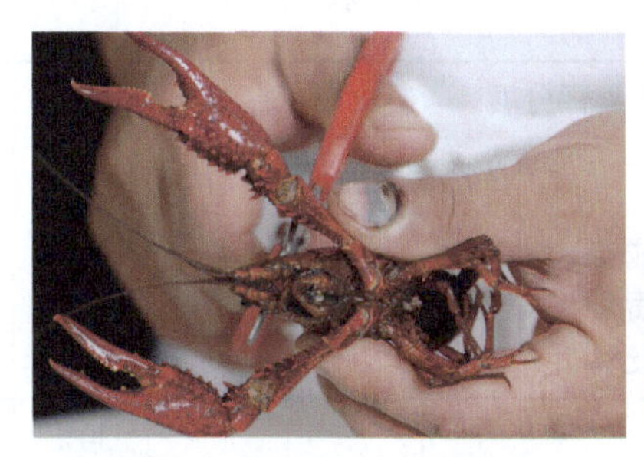
图 4-6-5　剪去虾头、腹部两侧小爪

图 4-6-6　拉出虾肠

步骤 2：将八角、甘草、白蔻、桂皮、草果、白芷、香叶、小茴香、丁香、香砂仁放入碗中，加入 20ml 白酒（见图 4–6–7），搅拌均匀后静置 30 分钟左右。

步骤 3：将泡好的香料及生姜片放入油锅中，小火熬制（见图 4–6–8），待味香浓后倒出浸泡约 6 小时，然后过滤，去渣后形成风味独特的特制油备用。

步骤 4：炒锅烧热后放入约 1.5L 食用油，加热至六成热时将控干水分的小龙虾放入油锅炸（见图 4–6–9），待熟透后捞出备用。

步骤 5：炒锅置火上，加入特制油后放入豆瓣酱、干辣椒、独蒜炒香上色，下入小龙虾，加白酒、高汤，大火烧开，调入调料，加盖用中火焖制约5分钟后，加入鸡精、花椒粉、白胡椒粉，转大火收汁（见图4-6-10），待酱汁浓时起锅，盛入盛器中，撒上葱花即成。

图4-6-7　白酒浸泡香料

图4-6-8　熬制香料油

图4-6-9　炸制小龙虾

图4-6-10　大火收汁

综合评价

生产制作完成后，由你本人、你所在的小组其他成员和生产制作指导老师组成综合性评价小组，填写下列评价表。

评价项	评分项								比例	分值
	生产制作前		生产制作中			生产制作后		合计		
	资料查找10%	项目分析20%	原料准备10%	生产规范20%	成品质量15%	清洁卫生15%	实训报告10%	100%		
自我评价									30%	
小组评价									30%	
老师评价									40%	
总　分									100%	

项目 7

毛氏红烧肉

项目目标

1. 搜集毛氏红烧肉的历史文化及传承等信息，并能恰当选用合格的原料。
2. 掌握毛氏红烧肉的烹调加工步骤、成品质量标准和安全操作注意事项。
3. 能依据“项目实施”做好各项准备，独立完成毛氏红烧肉的生产制作。

* * * * * *

项目分析

毛氏红烧肉（见图 4-7-1）具有“色泽红亮、肉香味浓、无油腻感、甜中带咸、咸中有辣”的特点，是湖南十大经典名菜之一。为完成毛氏红烧肉的生产制作，传承毛氏红烧肉传统技艺，各学员不仅要做好相关准备，还应认真思考并回答完成此菜肴的生产制作所涉及的几个核心问题。

1. 毛氏红烧肉与其他红烧肉的区别是什么？
2. 选料上有什么特别的要求？
3. 刀工处理时，五花肉的成型规格标准是什么？
4. 此菜宜采用慢火焖制还是高压锅压制？

图 4-7-1　毛氏红烧肉成品图

* * * * * *

项目实施

一、主辅料及调味料准备

主辅料：精选五花肉 900g（见图 4-7-2）；姜片 20g，葱白 30g（见图 4-7-3）。

调味料：干辣椒 5g，八角 2 个，冰糖 30g，老抽 4ml，料酒 60ml，豆蔻 5 粒，香果 2 粒，桂皮 1 小块，花椒 15 粒，精盐 2g（见图 4-7-4）。

图 4-7-2　主料

图 4-7-3 辅料

图 4-7-4 调味料

二、生产制作流程

烙猪皮→五花肉焯水→刀工处理→焯水→炒糖色→煸炒→焖制→收汁→出锅装盘。

三、生产制作注意事项

（1）选料时一定要选用带皮的中五花肉，肥肉和瘦肉的比例为 5∶5 或 4∶6 最佳。

（2）烧肉时料酒、花雕、甜酒酿等必不可少，可起到增香、除异味、刺激食欲的作用。

（3）上色有四种方法：第一种用糖色上色；第二种用老抽上色；第三种是用红曲米上色；第四种是各种上色原料交叉使用。

四、依据步骤进行生产制作

步骤 1：将锅烧至滚烫，将五花肉的肉皮贴锅烙（见图 4–7–5），不断加热并晃动猪肉，待猪肉的表皮焦黄色后取出，泡入温水中，然后用刀将猪皮上焦糊部分刮掉（见图 4–7–6），刮洗干净后待用。

图 4-7-5 烙猪皮

图 4-7-6 刮洗猪皮

步骤 2：锅中加入清水，放入五花肉、姜片、葱白、料酒 20ml 等入锅（见图 4–7–7），待五花肉熟透后捞出晾凉。

步骤 3：将晾凉的五花肉切成约 3cm 左右见方的块（见图 4–7–8）。

步骤 4：锅中加入少量食用油，下冰糖，炒至冰糖成琥珀色，倒入 200ml 的清水，煮至糖块全部融化后即成糖色（见图 4–7–9），盛出备用。

步骤 5：炒锅中放入少量的油润锅，之后放入肉，使用中小火煸炒至肉紧实、微黄后盛出多余的油脂，再放入干辣椒、八角、豆蔻、香果、桂皮、花椒炒出香味后，加入剩余的料酒激发出香味，然后加入糖色及少量老抽，用小火焖制约 1 小时至肉软糯，收汁后取净肉装入盛器中（见图 4-7-10），适当点缀即可上桌。

图 4-7-7 焯水

图 4-7-8 改刀成型

图 4-7-9 炒制糖色

图 4-7-10 收汁

综合评价

生产制作完成后，由你本人、你所在的小组其他成员和生产制作指导老师组成综合性评价小组，填写下列评价表。

<table>
<tr><th rowspan="3">评价项</th><th colspan="8">评分项</th><th rowspan="3">比例</th><th rowspan="3">分值</th></tr>
<tr><th colspan="2">生产制作前</th><th colspan="3">生产制作中</th><th colspan="2">生产制作后</th><th>合计</th></tr>
<tr><th>资料查找 10%</th><th>项目分析 20%</th><th>原料准备 10%</th><th>生产规范 20%</th><th>成品质量 15%</th><th>清洁卫生 15%</th><th>实训报告 10%</th><th>100%</th></tr>
<tr><td>自我评价</td><td></td><td></td><td></td><td></td><td></td><td></td><td></td><td></td><td>30%</td><td></td></tr>
<tr><td>小组评价</td><td></td><td></td><td></td><td></td><td></td><td></td><td></td><td></td><td>30%</td><td></td></tr>
<tr><td>老师评价</td><td></td><td></td><td></td><td></td><td></td><td></td><td></td><td></td><td>40%</td><td></td></tr>
<tr><td colspan="9">总 分</td><td>100%</td><td></td></tr>
</table>

项目 8

剁椒鱼头

剁椒鱼头

项目目标

1. 搜集剁椒鱼头的历史文化及传承等信息，并能恰当选用合格的原料。
2. 掌握剁椒鱼头的烹调加工步骤、成品质量标准和安全操作注意事项。
3. 能依据“项目实施”做好各项准备，独立完成剁椒鱼头的生产制作。

******

项目分析

剁椒鱼头（见图 4-8-1）具有“色泽红亮、肉质细嫩、口感软糯、鲜辣适口”的特点，是湖南十大经典名菜之一。为完成剁椒鱼头的生产制作，传承剁椒鱼头传统技艺，各学员不仅要做好相关准备，还应认真思考并回答完成此菜肴的生产制作所涉及的几个核心问题。

图 4-8-1　剁椒鱼头成品图

1. 制作此菜的“剁椒”有什么风味特点？
2. 优质鱼头的选料标准有哪些？
3. 刀工处理时，各主要用料的成型标准是什么？
4. 调味时需要注意哪些方面的影响？
5. 蒸制时对蒸汽大小的选择有什么特殊要求？

******

项目实施

一、主辅料及调味料准备

主辅料：胖头鱼鱼头 1 个约 1000g（见图 4-8-2）；香葱段 30g，姜片 25g，蒜末 20g，姜末 15g，葱花 10g（见图 4-8-3）。

调味料：剁椒 50g，泡红椒 150g，蚝油 15g，蒸鱼豉油 15ml，啤酒 150ml，白糖 15g，鸡粉 4g，红油 20ml（见图 4-8-4）。

图 4-8-2　主料

图 4-8-3　辅料

图 4-8-4　调味料

二、生产制作流程

初加工鱼头→腌制→剁泡椒→炒制剁椒酱→鱼头放入蒸碗→淋入酱汁→蒸制→出锅→淋油成菜。

三、生产制作注意事项

（1）泡红椒和剁椒本身都有咸味，所以不用另外加盐，口味重的可以加少许蒸鱼豉油。

（2）做剁椒鱼头最好使用胖头鱼的鱼头，因为其肉质肥厚细嫩，口感最好。

（3）啤酒的加入为了提香，注意量不宜过多，以免抢了剁椒的香味。

（4）炒制剁椒酱时，蒜末、姜末等应炒至熟透，香味浓郁再加入其他原料。

四、依据步骤进行生产制作

步骤 1：将鱼头有鱼鳞的地方刮洗干净，然后去除鱼鳃，放入清水中清洗干净（见图 4–8–5）；将鱼头放在砧板上，从鱼头顶部对半砍开，保持鱼下部相连（见图 4–8–6）。

图 4-8-5　清洗鱼头

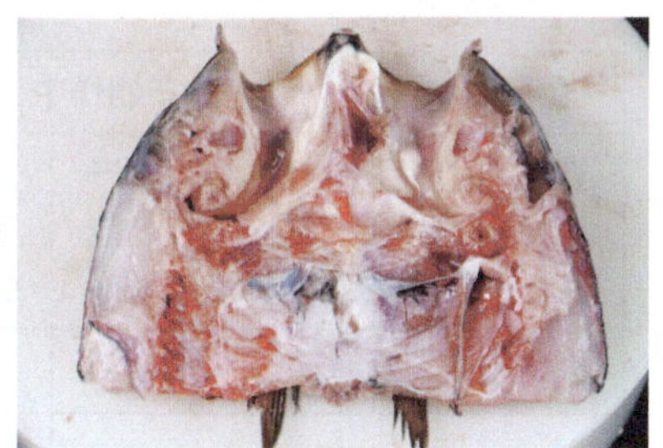

图 4-8-6　对半砍开成品

步骤 2：把砍好的鱼头放在盆子中，加入姜片、香葱、料酒等调味料腌制（见图 4–8–7），在鱼头上揉搓均匀后静置约 15 分钟。

步骤 3：泡红椒放在砧板上切成小段，然后再进一步剁碎（见图 4–8–8）。

步骤 4：锅烧热后放入红油，然后放入姜末、蒜末炒香后加入剁椒末、泡红椒末炒至香味浓郁，然后加入啤酒煮制约 10 分钟，待汁水收少时，用蚝油、蒸鱼豉油、白糖、鸡粉等调味（见图 4–8–9），炒均匀后盛出备用。

步骤 5：将腌制好的鱼头放入蒸鱼碟子中，将炒好的剁椒酱均匀地浇淋在鱼头上，然后放进蒸箱中（见图 4-8-10），使用大火蒸制约 12 分钟至鱼头熟透取出，撒上葱花，浇上热油，擦净盘边即可。

图 4-8-7 腌制鱼头

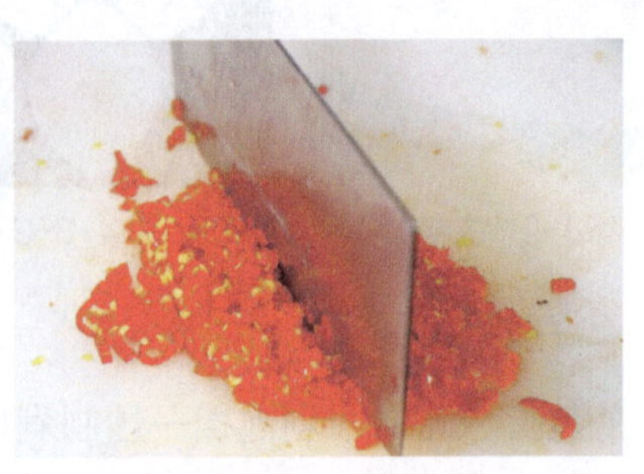

图 4-8-8 泡红椒剁碎

图 4-8-9 炒制剁椒酱

图 4-8-10 放入蒸箱蒸制

综合评价

生产制作完成后，由你本人、你所在的小组其他成员和生产制作指导老师组成综合性评价小组，填写下列评价表。

评价项	评分项									
	生产制作前		生产制作中			生产制作后		合计	比例	分值
	资料查找 10%	项目分析 20%	原料准备 10%	生产规范 20%	成品质量 15%	清洁卫生 15%	实训报告 10%	100%		
自我评价									30%	
小组评价									30%	
老师评价									40%	
总 分									100%	

项目 9

腊味合蒸

项目目标

1. 搜集腊味合蒸的历史文化及传承等信息，并能恰当选用合格的原料。
2. 掌握腊味合蒸的烹调加工步骤、成品质量标准和安全操作注意事项。
3. 能依据“项目实施”做好各项准备，独立完成腊味合蒸的生产制作。

******

项目分析

腊味合蒸（见图 4–9–1）具有“腊香浓重、柔韧不腻、稍带厚汁、味道互补、各尽其妙”的特点，是湖南十大经典名菜之一。为完成腊味合蒸的生产制作，传承腊味合蒸传统技艺，各学员不仅要做好相关准备，还应认真思考并回答完成此菜肴的生产制作所涉及的几个核心问题。

1. 查询资料，进一步了解此菜的风味特点。
2. 制作此菜工艺流程有哪些？
3. 初步加工时如何对腊味进行“退盐”处理？
4. 在调味时需要考虑哪些方面的因素？
5. 蒸制时宜采用什么样的器皿盛装蒸制？

图 4–9–1　腊味合蒸成品图

******

项目实施

一、主辅料及调味料准备

主辅料： 腊肉 200g，腊鸭 250g，腊鱼 200g（见图 4–9–2）；土豆 1 个约 240g，香葱 15g（见图 4–9–3）。

调味料： 豆豉 15g，干红辣椒段 10g，辣椒粉 5g，料酒 20ml，姜片 20g，白糖 15g，鸡粉 4g，蚝油 10g，啤酒 80ml（见图 4–9–4）。

图 4-9-2　主料

图 4-9-3　辅料

图 4-9-4　调味料

二、生产制作流程

主料浸泡退盐→初步熟处理→刀工处理→炒制腊味→调味→装入扣碗→蒸制→出锅翻扣成菜。

三、生产制作注意事项

（1）由于腊味含有较多的盐分，初步加工过程需要采取适当的方法“退盐”，烹调过程中对咸味调味品应控制使用量。

（2）腊肉已经有足够的油会渗入到鱼中，油也不需要另外再放。

（3）鱼块需放在盛器底部，带油的放最上面，保证油香味更好地渗入。

四、依据步骤进行生产制作

步骤 1：将腊肉、腊鸭、腊鱼等原料放进清水中浸泡（见图 4-9-5），浸泡约 3 小时左右捞出放入冷水锅中，加入料酒、香葱、姜片煮制（见图 4-9-6），煮约 5 分钟后将腊鱼捞出，其余原料继续煮约 10 分钟捞出晾凉备用。

图 4-9-5　浸泡“退盐”

图 4-9-6　煮制腊味

步骤 2：将晾凉的腊肉放在砧板上切片，腊鸭去骨后切成块（见图 4-9-7），腊鱼也切块，土豆去皮后切成滚刀块，香葱切成葱花。

步骤 3：锅内留余油，放入豆豉、辣椒粉、干红辣椒段稍炒后加入腊肉炒制，待腊肉冒油时加入腊鸭、腊鱼等翻炒（见图 4-9-8），用少许鸡粉、白糖、蚝油等调味，然后淋入啤酒，稍煮后盛出备用。

步骤 4：将炒好的腊味整齐地摆放在扣碗中，然后在表面放上切好的土豆块，摆放完成后放入蒸锅中蒸制（见图 4-9-9）。

步骤 5：大火蒸约 30 分钟后取出，将其扣入盛菜碟中（见图 4-9-10），最后点缀上少许葱花，趁热上桌即可。

图 4-9-7　腊味改刀成品

图 4-9-8　炒制腊味

图 4-9-9　入蒸锅蒸制

图 4-9-10　成品扣入碟中

综合评价

生产制作完成后，由你本人、你所在的小组其他成员和生产制作指导老师组成综合性评价小组，填写下列评价表。

评价项	评分项								比例	分值
	生产制作前		生产制作中			生产制作后		合计		
	资料查找 10%	项目分析 20%	原料准备 10%	生产规范 20%	成品质量 15%	清洁卫生 15%	实训报告 10%	100%		
自我评价									30%	
小组评价									30%	
老师评价									40%	
总　分									100%	

模块测试

一、简答题

1. 简要回答湖南风味菜的组成及各区域的特点。

2. 简要回答湖北十大经典风味名菜有哪些。

3. 简要回答制作炸八块的注意事项。

4. 简要回答制作炸紫酥肉需要的主辅料和调味料的名称与数量。

5. 简要回答制作沔阳三蒸的工艺流程。

二、实训题

1. 自行组建每组5人的调研团队，通过多渠道查询当地是否有销售华中地区菜肴的餐厅，实地调研此家餐厅销售的华中地区菜肴的名称、售价、销量等，然后完成调研报告，制作成PPT在班级活动中展示交流。

2. 根据“糖醋软熘”的原料配备、生产制作流程、制作注意事项、制作步骤等设计一款运用排骨制作的中式热菜，并依据设计出的菜谱，采购原料，然后到实训室中将其制作出来，制作好后请计算其成本，并进行定价。

3. 请自行选择一道华中地区代表性名菜进行制作，将制作过程进行全程拍摄，运用多媒体技术剪辑成不超过1分钟的短视频，放在自媒体平台进行推广，统计在24小时内获赞情况，在班级活动中进行分享展示。

测试试题

模块5
华南地区风味
代表名菜

学习目标

知识目标

- 了解华南地区风味代表名菜概况。
- 熟悉华南地区风味代表名菜的质量标准及传承情况。
- 掌握华南地区风味代表名菜生产制作流程及注意事项。
- 掌握华南地区风味代表名菜原料选用与调味用料构成及生产制作步骤。

能力目标

- 轮值小组长能根据小组成员的综合能力进行分工，并监督实施；各小组成员能够按照分工，相互配合完成实训工作。
- 能较好地运用鲜活原料初加工技术、刀工技术，依据项目实施相关要求做好华南地区风味代表名菜制作的准备工作。
- 能够制作华南地区风味代表名菜，且工艺流程、制作步骤、成菜质量等符合相关标准。
- 通过对相关知识的学习与华南地区风味代表名菜的深入实训，结合消费者的需求变化，能进行创新、开发适销对路的新华南地区风味代表名菜。

素质目标

- 具备卫生与安全意识，严格遵守食品卫生标准，确保食品安全。
- 注重工作场所的清洁和卫生。

模块导读

华南地区简称华南，位于我国最南部，拥有得天独厚的水资源，优越的地理位置已成为其经济发展的一大优势。华南地区经典名菜主要从广东省、广西壮族自治区、海南省、香港特别行政区及澳门特别行政区等地的风味菜肴中精选组成。

一、广东风味菜概况

广东风味菜简称粤菜。粤菜由广州菜、潮州菜、东江菜（客家菜）三个地方风味菜所组成，以广州菜为代表，粤菜声名远播海内外。粤菜取百家之长，用料广博，选料珍奇，配料精巧，善于在模仿中创新，依食客喜好而烹制。在烹调上以炒、爆为主，兼有烩、煎、烤，讲究清而不淡、鲜而不俗、嫩而不生、油而不腻，有“五滋”（香、松、软、肥、浓）、“六味”（酸、甜、苦、辣、咸、鲜）之说。时令性强，夏秋尚清淡，冬春求浓郁。

中烹协发布的地方风味名菜中所列广东经典名菜包含广州文昌鸡、迷你佛跳墙、白切鸡、麻皮乳猪、客家手撕盐焗鸡、客家酿豆腐、潮汕卤鹅、家乡酿鲮鱼、传统菊花三蛇羹、广东脆皮烧鹅等十大菜品。

二、广西风味菜概况

广西风味菜简称桂菜。桂菜是指以广西区域内的原材料为主，运用广西区域内特色烹调技法制作而成，具有广西饮食文化底蕴的菜品总称。根据广西烹饪餐饮行业协会发布的《桂菜标准体系》团体标准，桂菜被分为桂北、桂西、桂东南与滨海四个风味，共 139 道代表菜品。桂菜形成了“天然生态、原汁原味”的主要特征，以及“以稻食物为基础、多民族融合、喜酸味”的饮食文化特征。其中“以稻食物为基础”是桂菜区别于其他菜系的重要特征。

中烹协发布的地方风味名菜中所列广西经典名菜包含环江香牛扣、阳朔啤酒鱼、螺蛳鸭脚煲、贺州三宝酿、沙蟹汁豆角、柠檬鸭、柚皮渡笋扣、荔浦芋扣肉、梧州纸包鸡、横县鱼生（见图 5-0-1）等十大菜品。

图 5-0-1　横县鱼生

三、海南风味菜概况

海南风味菜简称琼菜。琼菜既有福建、广东沿海各省的烹饪之法，又吸收黎族、苗族和当地原住民的饮食文化，引进东南亚等地的特色佳肴，形成了特色鲜明、风味百变的特点，素有“海产万类，陆产千名”的美誉。海南天气炎热，气候条件决定琼菜的传统特色是原汁原味、清淡为主。具体烹饪手法主要有白切、清蒸、清炖、原汁、净涮等。在选料上注重“鲜美”，不活不鲜不入席。

图 5-0-2　干煸五脚猪

中烹协发布的地方风味名菜中所列海南经典名菜包含海南全家福煲、干煸五脚猪（见图 5-0-2）、红烧东山羊、红焖小黄牛杂汤、烤乳猪、加积鸭、温泉鹅、清蒸和乐蟹、椰子盅、文昌鸡等十大菜品。

四、香港风味菜概况

香港是一个国际化城市，是中西文化汇聚之地，号称“美食天堂”。香港虽然以广东菜而驰名，但其多元化的社会环境，提供了驰誉世界的中国各大菜系美食，同时也兼备亚洲及欧美著名佳肴。香港食肆类型多样，包括高端的酒楼和茶楼、各种风味餐厅、方便快捷的快餐店、提供丰富菜品选择的自助餐厅、传统冰室、卖各类粥面的特色粥面店、大排档、提供各式甜品的甜品店和凉茶铺等。

中烹协发布的地方风味名菜中所列香港经典名菜包含过桥客家咸鸡、鸿运烧乳猪、金牌酱焗龙虾、蜜汁叉烧、飘香东星斑、烧鹅皇、金奖乳鸽、招牌大煲翅、窝烧溏心鲍鱼、避风塘炒蟹等十大菜品。

五、澳门风味菜概况

澳门被誉为全球的美食文化创意城市，其餐饮业十分繁荣。在澳门的街头巷尾，你不仅可以品味到传统的粤菜酒家提供的地道粤菜，还能尝到川菜、苏菜、法菜、葡菜等中外诸多风味菜肴，特别是经澳门人改良的“土生葡菜”，堪称一绝。从北京填鸭、蒸鱼等传统美食，到地道的鱼汤菜肴，再到虾饺、烧卖等点心，澳门的餐饮文化展现出丰富的多样性。

图 5-0-3　澳门脆皮烧肉

中烹协发布的地方风味名菜中所列澳门经典名菜包含骨香鲳鱼球、霸王八宝扒大鸭、金钱脆蟹盒、澳门脆皮烧肉（见图 5-0-3）、姜葱奄仔蟹、焗葡国鸡、清蒸澳门龙脷、干煎大虾碌、瓦罐浓汤鸡煲翅、白灼马介休等十大菜品。

项目 1

客家酿豆腐

项目目标

1. 搜集客家酿豆腐的历史文化及传承等信息，并能恰当选用合格的原料。
2. 掌握客家酿豆腐的烹调加工步骤、成品质量标准和安全操作注意事项。
3. 能依据“项目实施”做好各项准备，独立完成客家酿豆腐的生产制作。

* * * * * *

项目分析

客家酿豆腐（见图 5–1–1）具有“色泽酱红、鲜嫩滑香、营养丰富”的特点，是广东十大经典名菜之一，也是东江传统风味名菜，是客家饮食文化中极具代表性的一道传统菜品。2015 年，此菜的烹饪技艺被列入惠州市第六批市级非物质文化遗产名录，同年又被列入广东省第六批省级非物质文化遗产名录。为完成客家酿豆腐的生产制作，传承客家酿豆腐传统技艺，各学员不仅要做好相关准备，还应认真思考并回答完成此菜肴的生产制作所涉及的几个核心问题。

1. 查询资料，进一步了解此菜的风味特点及创新情况。
2. 制作此菜宜选用什么种类的豆腐？
3. 制作此菜需要经过哪些基本操作流程？
4. 煎制豆腐应如何控制火候？
5. 此菜宜采用什么样的器皿盛装？

图 5–1–1　客家酿豆腐成品图

* * * * * *

项目实施

一、主辅料及调味料准备

主辅料：水豆腐 600g（见图 5–1–2）；五花肉 150g，水发香菇 5 朵，香葱 20g，生姜 20g，水发干鱿鱼 1 小块约 15g，水发虾米 10g，干葱 3 个约 18g（见

图 5-1-3）。

调味料：精盐 4g，米酒 4ml，生抽 15ml，蚝油 10g，高汤 200ml（见图 5-1-4）。

图 5-1-2　主料

图 5-1-3　辅料

图 5-1-4　调味料

二、生产制作流程

刀工处理→调制馅心→酿入豆腐→煎制豆腐→加汤焖制→移入砂锅焖制成菜。

三、生产制作注意事项

（1）因豆腐比较软嫩，煎制的时候需小心翻动，否则容易碎掉，不成形。

（2）焖制过程需要控制火力，防止火力过猛造成汤汁挥发过快。

（3）豆腐应选用口感较嫩的水豆腐、内酯豆腐为佳，老豆腐太硬，口感不佳。

（4）五花肉应选用肥瘦比例为 5∶5 的比较适宜，口感最佳。

四、依据步骤进行生产制作

步骤 1：将水豆腐切成厚约 2cm、长 5cm、宽 3cm 的块（见图 5-1-5）；将五花肉去皮后剁碎（见图 5-1-6），水发香菇切碎，5g 姜切成姜末，其余的切姜丝，香葱切葱花，干葱切末，干鱿鱼切丝备用。

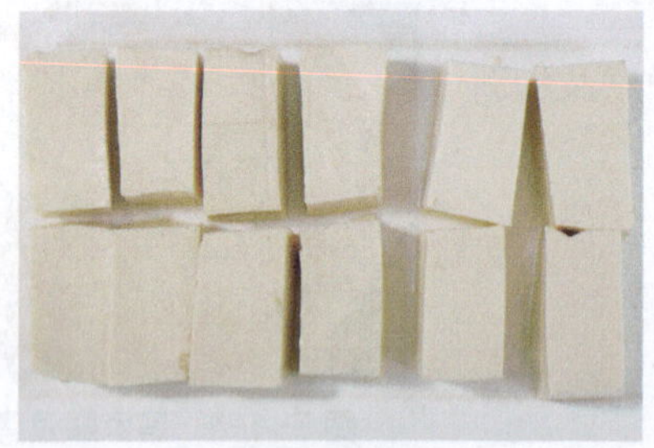
图 5-1-5　豆腐切块

图 5-1-6　五花肉剁碎

步骤 2：将五花肉碎放入小钢盆中，加入香菇碎、姜末、精盐、蚝油等调料，用力搅打上劲备用（见图 5-1-7）。

步骤 3：将切好的豆腐块，从中间位置挖一个深度为豆腐 2/3 厚度的孔，然后将拌好的肉馅酿入孔中（见图 5-1-8）。

步骤 4：平底锅烧热后放油，将有肉馅一面贴锅入锅中煎，撒少许精盐提味，待煎上色后翻另一面继续煎，另一面也煎上色后倒入高汤，用生抽、蚝油调味，晃动锅，让调味料与高汤混合均匀（见图 5-1-9），盖上锅盖小火焖制汤汁剩下 1/3 时关火备用。

步骤 5：砂锅烧热后放入少许食用油，加入干葱末、鱿鱼丝、虾米、姜丝等入锅稍微炒，加入米酒激发香味，然后将焖制好的豆腐移入砂锅中继续煲制（见图 5-1-10），煲制约 2 分钟撒入葱花即可上桌。

图 5-1-7　调制馅心

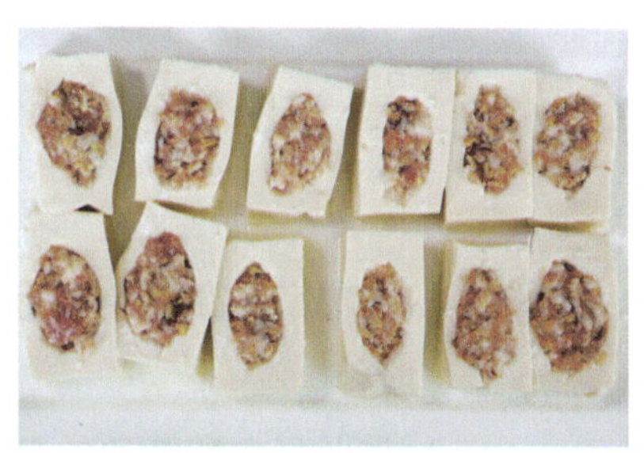
图 5-1-8　酿入豆腐

图 5-1-9　煎制豆腐

图 5-1-10　移入砂锅煲制

综合评价

生产制作完成后，由你本人、你所在的小组其他成员和生产制作指导老师组成综合性评价小组，填写下列评价表。

评价项	评分项								比例	分值
	生产制作前		生产制作中			生产制作后		合计		
	资料查找 10%	项目分析 20%	原料准备 10%	生产规范 20%	成品质量 15%	清洁卫生 15%	实训报告 10%	100%		
自我评价									30%	
小组评价									30%	
老师评价									40%	
总　分									100%	

项目 2

家乡酿鲮鱼

项目目标

1. 搜集家乡酿鲮鱼的历史文化及传承等信息，并能恰当选用合格的原料。
2. 掌握家乡酿鲮鱼的烹调加工步骤、成品质量标准和安全操作注意事项。
3. 能依据“项目实施”做好各项准备，独立完成家乡酿鲮鱼的生产制作。

******

项目分析

家乡酿鲮鱼（见图 5-2-1）具有“色泽金黄、鲜甜嫩滑、甘香味美”的特点，是广东十大经典名菜之一。为完成家乡酿鲮鱼的生产制作，传承家乡酿鲮鱼传统技艺，各学员不仅要做好相关准备，还应认真思考并回答完成此菜肴的生产制作所涉及的几个核心问题。

图 5-2-1　家乡酿鲮鱼成品图

1. 制作此菜采用的烹饪技法是什么？
2. 优质鲮鱼的品质特征有哪些？
3. 初加工时，如何对鲮鱼进行“皮肉分离”？
4. 煎制过程中如何防止鱼皮破裂？

******

项目实施

一、主辅料及调味料准备

主辅料： 土鲮鱼 1 条约 750g（见图 5-2-2）；肉糜 150g，水发香菇 50g，荸荠 75g，水发木耳 50g，水发虾仁 20g，酥花生仁 25g，葱白 15g，姜蒜末各 8g（见图 5-2-3）。

调味料： 鲜汤 350ml，砂糖 10g，精盐 4g，蚝油 10g，干淀粉 30g，鸡粉 10g（见图 5-2-4）。

图 5-2-2　主料

图 5-2-3　辅料

图 5-2-4　调味料

二、生产制作流程

剥出鱼皮→刀工处理→调制馅心→酿入馅料→煎制→炆煮→出锅装盘。

三、生产制作注意事项

（1）鲮鱼皮肉分离时需要用巧劲，切断鱼肉与鱼皮连接处时，应注意用刀的力度，防止鱼皮被切破。

（2）酿制时，需在鱼皮上抹上适量的干淀粉，以增加粘附性，防止鱼皮破损。

（3）煎制过程需要用中小火，防止煎煳、煎不透。

四、依据步骤进行生产制作

步骤 1：将土鲮鱼宰杀洗净后在鱼肚切口 1cm 处用刀划开一条小口，保持鱼皮不断裂，用手把鱼皮剥离鱼肉（见图 5-2-5），用刀在鱼胸翅靠鱼头 1cm 左右处，将鱼身与鱼头连接处的肉与骨头切断，然后继续往鱼尾方向剥出鱼皮，剥至鱼尾 5cm 左右处把鱼身与鱼尾切断，得到完整鱼皮（见图 5-2-6）。

图 5-2-5　剥出鱼皮

图 5-2-6　剥去鱼皮成品

步骤 2：取出净鱼肉后，将其剁成鱼肉糜（见图 5-2-7），将水发香菇、荸荠、水发木耳、水发虾仁、酥花生仁、葱白分别切碎。

步骤 3：将鱼糜放入盆中，加适量的精盐、食用油、砂糖和干淀粉，把鱼肉糜搅打起胶，然后把各种配料加入鱼胶中一起搅打上劲。在鱼皮上抹适量的干淀粉，然后把搅打均匀的鱼糜酿进鱼皮里（见图 5-2-8），制成完整的鱼型，然后在鱼皮表面撒上少许干淀粉。

图 5-2-7　剁鱼肉糜

图 5-2-8　酿入馅料成品

步骤 4：平底锅中放适量的油润锅，放入酿好的土鲮鱼煎制（见图 5-2-9），煎至两面金黄色取出备用。

步骤 5：锅中放入姜蒜末炒香，然后放适量的鲜汤、蚝油、精盐、鸡粉和砂糖后，放入煎好的土鲮鱼炆煮（见图 5-2-10），待酱汁近干时盛入碟中，撒上少许葱花，趁热上桌即可。

图 5-2-9　煎制土鲮鱼

图 5-2-10　炆煮

综合评价

生产制作完成后，由你本人、你所在的小组其他成员和生产制作指导老师组成综合性评价小组，填写下列评价表。

<table>
<tr><th rowspan="3">评价项</th><th colspan="8">评分项</th><th rowspan="3">比例</th><th rowspan="3">分值</th></tr>
<tr><th colspan="2">生产制作前</th><th colspan="3">生产制作中</th><th colspan="2">生产制作后</th><th>合计</th></tr>
<tr><th>资料
查找
10%</th><th>项目
分析
20%</th><th>原料
准备
10%</th><th>生产
规范
20%</th><th>成品
质量
15%</th><th>清洁
卫生
15%</th><th>实训
报告
10%</th><th>100%</th></tr>
<tr><td>自我评价</td><td></td><td></td><td></td><td></td><td></td><td></td><td></td><td></td><td>30%</td><td></td></tr>
<tr><td>小组评价</td><td></td><td></td><td></td><td></td><td></td><td></td><td></td><td></td><td>30%</td><td></td></tr>
<tr><td>老师评价</td><td></td><td></td><td></td><td></td><td></td><td></td><td></td><td></td><td>40%</td><td></td></tr>
<tr><td colspan="9">总　分</td><td>100%</td><td></td></tr>
</table>

项目 3

古法彭公鹅

项目目标

1. 搜集古法彭公鹅的历史文化及传承等信息，并能恰当选用合格的原料。
2. 掌握古法彭公鹅的烹调加工步骤、成品质量标准和安全操作注意事项。
3. 能依据“项目实施”做好各项准备，独立完成古法彭公鹅的生产制作。

* * * * * *

项目分析

古法彭公鹅（见图 5-3-1）具有“酸甜醒味、肥而不腻、嫩滑浓郁”的特点，是顺德地区一道历史悠久、极具特色的传统名菜。顺德当地一直以来有以鹅宴客的习俗，不论是婴儿满月、孩子金榜题名，还是老人寿宴，古法彭公鹅都是不可或缺的佳肴。为完成古法彭公鹅的生产制作，传承古法彭公鹅传统技艺，各学员不仅要做好相关准备，还应认真思考并回答完成此菜肴的生产制作所涉及的几个核心问题。

图 5-3-1　古法彭公鹅成品图

1. 查询资料，进一步了解此菜的传承创新情况。
2. 制作此菜需经过哪些制作流程？
3. 制作此菜采用的烹饪方法是什么？运用关键有哪些？
4. 烹调过程中如何确保成品“酱红”的质量标准？

* * * * * *

项目实施

一、主辅料及调味料准备

主辅料：黑鬃鹅肉 1250g（见图 5-3-2）；酸仔姜 150g，老姜 25g，蒜粒 40g，葱结 30g（见图 5-3-3）。

调味料：料酒 10ml，精盐 3g，酸梅酱 100g，老抽 2ml，甜醋 50ml，桂皮 10g，八

角 15g，香叶 3g，冰糖 40g，白醋 20ml，蚝油 20g（见图 5-3-4）。

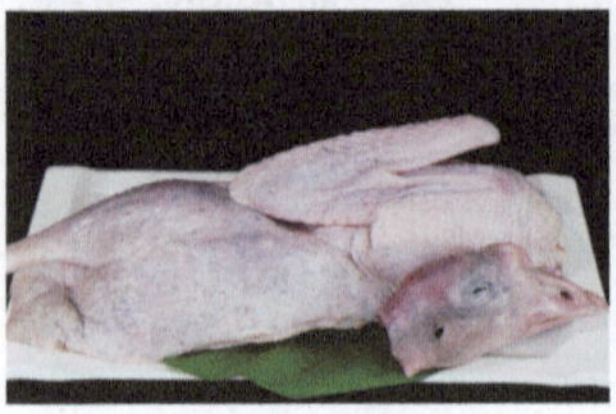

图 5-3-2 主料

图 5-3-3 辅料

图 5-3-4 调味料

二、生产制作流程

刀工处理→初步熟处理→老抽上色→煎制→焖制→改刀装盘→淋汁成菜。

三、生产制作注意事项

（1）烹调此菜宜选用五六斤重的黑鬃鹅最好，不宜过大，否则肉质过肥。

（2）根据肉质来掌握火候，炆得过久肉容易老，口感不好。

（3）此菜的颜色应调成酱红色。

四、依据步骤进行生产制作

步骤 1：将酸仔姜切片，老姜切片，蒜粒去掉头尾（见图 5-3-5）备用；锅中加清水约 1.5L，放入黑鬃鹅肉后加入姜片、葱段、料酒等（见图 5-3-6），加热至水沸腾，煮制鹅肉约五成熟后捞出放凉。

图 5-3-5 辅料改刀成品

图 5-3-6 鹅肉焯水

步骤 2：待鹅肉放凉后用适量的老抽给鹅皮均匀上色（见图 5-3-7），然后自然晾干表面的水分。

步骤 3：锅烧热倒入少许油，将鹅皮贴锅放入，煎至鹅皮成均匀的棕红色（见图 5-3-8），待皮下脂肪被逼出后取出装在盛器中备用。

步骤 4：锅中留底油，将大蒜粒放入锅中煸炒至色微黄后加入调料及香料稍炒后加入清水，再放冰糖、精盐等调味料，放入煎制好的鹅肉，再放入白醋和蚝油，用大火烧滚后转小火焖 45 分钟至汤汁浓稠（见图 5-3-9），然后放入酸姜片继续煮制约 5 分钟即可关火。

步骤 5：将煮好的鹅取出，放在熟食砧板上，酸姜片放进盛器中，将鹅肉改刀后整齐地摆放在酸姜片上，再把焖鹅的酱汁淋在鹅肉上（见图 5-3-10），趁热上菜即可。

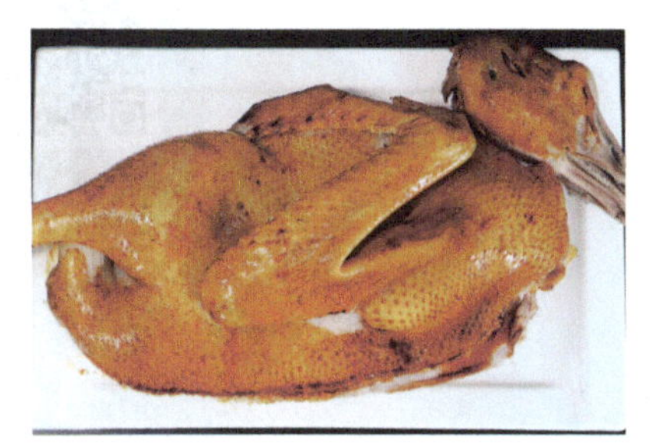
图 5-3-7　老抽上色

图 5-3-8　煎制

图 5-3-9　焖制

图 5-3-10　淋汁成菜

生产制作完成后，由你本人、你所在的小组其他成员和生产制作指导老师组成综合性评价小组，填写下列评价表。

<table>
<tr><th rowspan="3">评价项</th><th colspan="8">评分项</th><th rowspan="3">比例</th><th rowspan="3">分值</th></tr>
<tr><th colspan="2">生产制作前</th><th colspan="3">生产制作中</th><th colspan="2">生产制作后</th><th>合计</th></tr>
<tr><th>资料查找 10%</th><th>项目分析 20%</th><th>原料准备 10%</th><th>生产规范 20%</th><th>成品质量 15%</th><th>清洁卫生 15%</th><th>实训报告 10%</th><th>100%</th></tr>
<tr><td>自我评价</td><td></td><td></td><td></td><td></td><td></td><td></td><td></td><td></td><td>30%</td><td></td></tr>
<tr><td>小组评价</td><td></td><td></td><td></td><td></td><td></td><td></td><td></td><td></td><td>30%</td><td></td></tr>
<tr><td>老师评价</td><td></td><td></td><td></td><td></td><td></td><td></td><td></td><td></td><td>40%</td><td></td></tr>
<tr><td colspan="9">总　分</td><td>100%</td><td></td></tr>
</table>

项目 4

螺蛳鸭脚煲

项目目标

1. 搜集螺蛳鸭脚煲的历史文化及风味特色等信息，并能恰当选用合格的原料。
2. 掌握螺蛳鸭脚煲的烹调加工步骤、成品质量标准和安全操作注意事项。
3. 能依据“项目实施”做好各项准备，独立完成螺蛳鸭脚煲的生产制作。

* * * * * *

项目分析

螺蛳鸭脚煲（见图 5-4-1）具有“酸香醇厚、香辣开胃、表皮焦香”的特点，是广西十大经典名菜之一。首创于柳州，因“舌尖上的中国”的热播，螺蛳粉在全国大放异彩，带动螺蛳鸭脚煲等特色美食开始走红，越来越多的人喜欢上了这种独特的味道。为完成螺蛳鸭脚煲的生产制作，传承螺蛳鸭脚煲传统技艺，各学员不仅要做好相关准备，还应认真思考并回答完成此菜肴的生产制作所涉及的几个核心问题。

图 5-4-1　螺蛳鸭脚煲成品图

1. 如何区别田螺和福寿螺？
2. 应选用什么样的鸭脚制作此菜？
3. 正式烹调前鸭脚是否需要炸制，炸到什么程度最合适？
4. 此菜的味主要来源于哪些调辅料？
5. 此菜宜采用什么样的器皿盛装？

* * * * * *

项目实施

一、主辅料及调味料准备

主辅料：田螺 500g，鸭脚 8 个（见图 5-4-2）；猪骨汤 1000g，生姜片 10g，紫苏 10g，酸笋丝 150g，干红辣椒段 10g（见图 5-4-3）。

调味料：八角 3g，花椒 4g，砂姜 2g，精盐 3g，料酒 15ml，红油 100ml（见图 5-4-4）。

图 5-4-2　主料

图 5-4-3　辅料

图 5-4-4　调味料

二、生产制作流程

煸炒田螺→炸鸭脚→干炒酸笋→煮田螺→装入煲中→煲制成菜。

三、生产制作注意事项

（1）炸制鸭脚时可以用锅盖盖上，防止油四处飞溅造成安全隐患。

（2）干炒酸笋丝时火力不宜太大，否则将导致酸笋外表迅速起结膜，内部的水分无法干透，造成香味不足。

（3）制作过程中可以根据地方消费者的需要适当添加油炸芋头、豆腐果、鹌鹑蛋等。

（4）田螺采购回后应饿养两天，便于其吐掉体内的泥沙。

四、依据步骤进行生产制作

步骤 1：将田螺的螺尖部用专用的钳子钳掉（见图 5-4-5），然后用刷子将表面的污物刷洗干净后放进炒锅中，加入少许精盐及料酒，小火煸炒至田螺中的水分收干后盛出，挑去螺盖（见图 5-4-6），洗净备用。

图 5-4-5　去掉螺尖成品

图 5-4-6　去掉螺盖成品

步骤 2：锅烧热后倒入约 1L 的食用油，待油温升至六成热时，把鸭脚沿锅边放入油锅中炸制（见图 5-4-7），炸制过程中可以加锅盖，以防止油花飞溅，待炸至鸭脚表面微黄酥脆时捞出（见图 5-4-8），放入盛器中备用。

图 5-4-7　炸鸭脚

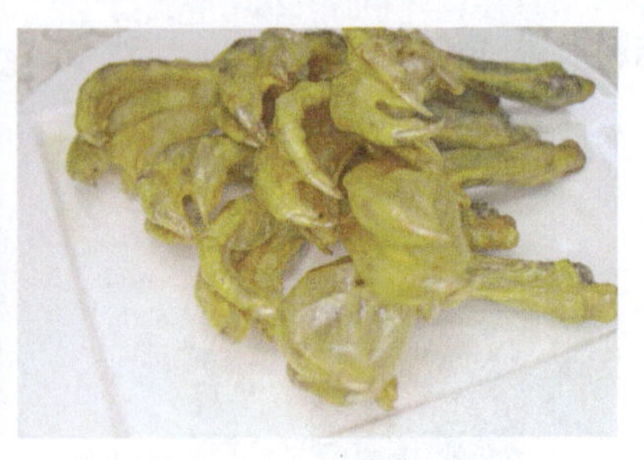

图 5-4-8　炸鸭脚成品

步骤 3：将酸笋丝用中小火干炒至表面微微焦黄（见图 5-4-9），捞出放入盛器中备用。热锅中放入少许食用油，加生姜片、酸笋丝、花椒、砂姜、八角、辣椒段稍炒后放入田螺炒制，香味浓郁后加入猪骨汤，用少许精盐调味，淋入红油，盖上锅盖煮约 10 分钟。

步骤 4：将煮好的螺蛳转移到瓦煲中，将鸭脚整齐地摆放在上面（见图 5-4-10），放在煲仔炉上盖上盖子，小火煲制约 20 分钟，放入紫苏叶，继续煲约 2 分钟即成。

图 5-4-9　炒制酸笋

图 5-4-10　移入瓦煲

综合评价

生产制作完成后，由你本人、你所在的小组其他成员和生产制作指导老师组成综合性评价小组，填写下列评价表。

评价项	评分项									
	生产制作前		生产制作中			生产制作后		合计	比例	分值
	资料查找 10%	项目分析 20%	原料准备 10%	生产规范 20%	成品质量 15%	清洁卫生 15%	实训报告 10%	100%		
自我评价									30%	
小组评价									30%	
老师评价									40%	
总　分									100%	

项目 5

荔浦芋扣肉

项目目标

1. 搜集荔浦芋扣肉的民间影响力及芋头生产情况等信息，并能恰当选用合格的原料。
2. 掌握荔浦芋扣肉的烹调加工步骤、成品质量标准和安全操作注意事项。
3. 能依据“项目实施”做好各项准备，独立完成荔浦芋扣肉的生产制作。

******

项目分析

荔浦芋扣肉（见图 5–5–1）具有“色泽深红、肉质软糯、芋头粉香、味道浓郁”的特点，是广西十大经典名菜之一。荔浦芋个大饱满，头尾均匀，品质优良，堪称芋中之王，清代时已成为颇负盛名的广西特产。

为完成荔浦芋扣肉的生产制作，传承荔浦芋扣肉传统技艺，各学员不仅要做好相关准备，还应认真思考并回答完成此菜肴的生产制作所涉及的几个核心问题。

1. 如何鉴别荔浦芋的质量？
2. 选用什么样的五花肉质量最优？
3. 如何炸制才能使猪肉皮疏松色黄？
4. 刀工处理时，芋头、五花肉厚度的最佳标准是多少？

图 5–5–1　荔浦芋扣肉成品图

******

项目实施

一、主辅料及调味料准备

主辅料：荔浦芋头厚片 300g，五花肉 500g（见图 5–5–2）；葱白末 10g，红枣末 15g，香菇末 15g，水淀粉 15g，上海青 300g，青椒丁 5g，红椒丁 5g（见图 5–5–3）。

调味料：生抽 5g，蚝油 6g，胡椒粉 1g，料酒 8g，鲜汤 50g，南乳 7g，精盐 3g，白醋50ml（见图5-5-4）。

图5-5-2　主料

图5-5-3　辅料

图5-5-4　调味料

二、生产制作流程

刮洗五花肉→初熟处理→扎孔抹盐、白醋→炸制五花肉→刀工处理→调制味汁→炸芋头→码味→装入扣碗→蒸制→出锅装盘→搭配配菜成菜。

三、生产制作注意事项

（1）配菜的种类可以根据季节进行选用，焯水时可添加基本调味料使焯水成熟的配菜入味。

（2）扣肉汁要调制到咸鲜适中，味不宜过重。

（3）炸肉过程可以用篦子垫底防止肉皮贴锅烧焦，采用加锅盖的方式防止油飞溅。

四、依据步骤进行生产制作

步骤1：把五花肉放在清水中刮洗掉表面的残毛（见图5-5-5）。冷水锅中加入姜片、少许料酒，放入五花肉，浸煮约30分钟左右，用筷子插入五花肉中（见图5-5-6），待能顺利穿透时捞出即可备用。

图5-5-5　刮洗掉残毛

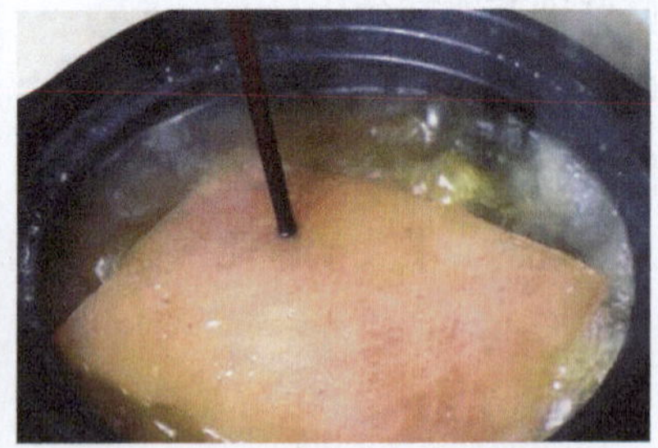

图5-5-6　筷子插入五花肉中

步骤2：趁热用专用的扣肉叉在肉皮上扎孔（见图5-5-7），然后用精盐在扎孔的位置涂抹均匀，然后再抹上适量白醋，晾凉备用。

步骤3：锅烧热后倒入约1.5L的食用油，待油温上升至六成热时，将皮向下（贴锅面）入油锅中炸至表皮充分爆裂、色金黄时捞出放入汤盆中，用煮肉的原汤浸泡（见图5-5-8），待肉皮松软时捞出备用。芋头入油锅中炸至芋头表面微黄，皮酥脆时捞出，自然晾凉备用。

图 5-5-7　扎孔

图 5-5-8　浸泡

步骤 4：用葱白末、红枣末、香菇末、生抽、蚝油、胡椒粉、料酒、南乳、鲜汤调成味汁。将五花肉切成 1cm 左右的片和芋头放入味汁中拌匀后装入扣碗中压实（见图 5-5-9）。

步骤 5："足气蒸"蒸约 90 分钟至肉软糯取出，滗出扣碗中的原汁（见图 5-5-10），然后扣入盛菜碟中；上海青焯水至熟后捞出围边，蒸扣肉的原汁入锅勾芡后淋在扣肉上即可。

图 5-5-9　装入扣碗

图 5-5-10　滗出原汁

综合评价

生产制作完成后，由你本人、你所在的小组其他成员和生产制作指导老师组成综合性评价小组，填写下列评价表。

<table>
<tr><th rowspan="3">评价项</th><th colspan="8">评分项</th><th rowspan="3">比例</th><th rowspan="3">分值</th></tr>
<tr><th colspan="2">生产制作前</th><th colspan="3">生产制作中</th><th colspan="2">生产制作后</th><th>合计</th></tr>
<tr><th>资料查找 10%</th><th>项目分析 20%</th><th>原料准备 10%</th><th>生产规范 20%</th><th>成品质量 15%</th><th>清洁卫生 15%</th><th>实训报告 10%</th><th>100%</th></tr>
<tr><td>自我评价</td><td></td><td></td><td></td><td></td><td></td><td></td><td></td><td></td><td>30%</td><td></td></tr>
<tr><td>小组评价</td><td></td><td></td><td></td><td></td><td></td><td></td><td></td><td></td><td>30%</td><td></td></tr>
<tr><td>老师评价</td><td></td><td></td><td></td><td></td><td></td><td></td><td></td><td></td><td>40%</td><td></td></tr>
<tr><td colspan="9">总　分</td><td>100%</td><td></td></tr>
</table>

项目 6

阳朔啤酒鱼

项目目标

1. 搜集阳朔啤酒鱼获得的荣誉及菜肴特色等信息，并能恰当选用合格的原料。
2. 掌握阳朔啤酒鱼的烹调加工步骤、成品质量标准和安全操作注意事项。
3. 能依据“项目实施”做好各项准备，独立完成阳朔啤酒鱼的生产制作。

******

项目分析

阳朔啤酒鱼（见图 5-6-1）具有“外香内嫩、皮黄汁浓、酸辣开胃、入口唇齿留香”的特点，是广西十大经典名菜之一，已成为阳朔的美食名片。为完成阳朔啤酒鱼的生产制作，传承阳朔啤酒鱼传统技艺，各学员不仅要做好相关准备，还应认真思考并回答完成此菜肴的生产制作所涉及的几个核心问题。

1. 选料上有什么特别的要求？
2. 初加工时，鱼的成型标准是什么？
3. 煎制鱼的关键技术是什么？
4. 调味时应考虑哪些方面的因素？
5. 此菜宜采用什么样的器皿盛装？

图 5-6-1　阳朔啤酒鱼成品图

******

项目实施

一、主辅料及调味料准备

主辅料：新鲜鲤鱼 1 条约 750g（见图 5-6-2）；姜片 25g，蒜片 25g，干辣椒段 40g，青蒜片 40g，青椒片 40g，番茄块 75g，干淀粉 10g（见图 5-6-3）。

调味料：漓泉啤酒 500mL，精盐 3g，鸡精 1g，生抽 20mL，蚝油 10g，番茄酱 20g，白糖 10g，白胡椒粉 0.5g，花生油适量（见图 5-6-4）。

图 5-6-2　主料

图 5-6-3　辅料

图 5-6-4　调味料

二、生产制作流程

宰杀鲤鱼→刀工处理鲤鱼→煎鱼→炒制料头→调味→焖鱼→收汁→出锅装盘。

三、生产制作注意事项

（1）正宗啤酒鱼不需去鳞，有食客独爱煎过的卷曲鱼鳞，如果不习惯，也可以去掉鱼鳞。

（2）鱼下锅之前，一定要擦干水份，否则热油飞溅而出，造成烫伤。

（3）焖鱼的过程中尽量避免翻动，以免造成鱼肉破碎。

四、依据步骤进行生产制作

步骤 1：将鲤鱼鱼鳃用剪刀剪掉（见图 5-6-5），留下鱼鳞，然后将鱼背部和头部剖开，腹部保持相连，取出内脏后清洗干净，洗净后将鱼脊骨每隔 3cm 左右切断（见图 5-6-6）。

图 5-6-5　剪去鱼鳃

图 5-6-6　鲤鱼初加工后成品

步骤 2：锅烧热后放入适量油，将鱼鳞面贴锅煎制（见图 5-6-7），煎制过程适当旋锅，待鱼鳞酥脆后采用大翻勺的方式将鱼翻面（见图 5-6-8），稍煎即可出锅备用。

步骤 3：锅烧热后放入适量的食用油，放姜片、蒜片、干辣椒段、青蒜片、青椒片、番茄块炒香，放入煎制好的鲤鱼，加入啤酒，用生抽、蚝油、精盐、白糖、鸡精、白胡椒粉、番茄酱调味（见图 5-6-9）。

步骤 4：采用中火加热焖制，焖至锅中啤酒汁水收少、味透入鱼肉中时，干淀粉加水调成水淀粉，淋入锅中（见图 5-6-10），通过旋锅技法使芡汁均匀受热糊化，汁水变成流芡状时，即可出锅装碟，最后根据客人的需要撒入香葱或香菜等香辛蔬菜。

图 5-6-7　鱼鳞面贴锅煎制

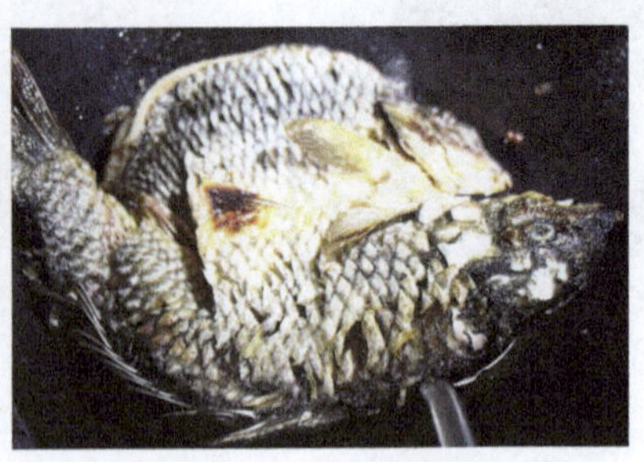

图 5-6-8　将鱼翻面

图 5-6-9　烧制调味

图 5-6-10　勾芡

综合评价

生产制作完成后，由你本人、你所在的小组其他成员和生产制作指导老师组成综合性评价小组，填写下列评价表。

评价项	评分项								比例	分值
	生产制作前		生产制作中			生产制作后		合计		
	资料查找10%	项目分析20%	原料准备10%	生产规范20%	成品质量15%	清洁卫生15%	实训报告10%	100%		
自我评价									30%	
小组评价									30%	
老师评价									40%	
总　分									100%	

项目 7

温泉鹅

项目目标

1. 搜集温泉鹅的历史文化及传承等信息，并能恰当选用合格的原料。
2. 掌握温泉鹅的烹调加工步骤、成品质量标准和安全操作注意事项。
3. 能依据“项目实施”做好各项准备，独立完成温泉鹅的生产制作。

******

项目分析

温泉鹅（见图 5-7-1）具有“营养丰富、肥而不腻、清淡原味、醇香可口”的特点，是海南十大经典名菜之一。产自琼海的温泉鹅肉质细嫩，没有普通鹅肉的粗糙感，也没有饲料鹅入口的“木”感，肉质鲜香。琼海温泉鹅大多以白切为主。为完成温泉鹅的生产制作，传承温泉鹅传统技艺，各学员不仅要做好相关准备，还应认真思考并回答完成此菜肴的生产制作所涉及的几个核心问题。

图 5-7-1　温泉鹅成品图

1. 查询资料，了解制作此菜的烹饪技法及操作关键是什么。
2. 对鹅肉的选用有什么特别的要求？
3. 制作此菜的基本操作流程有哪些？
4. 烹调过程中可以从哪些方面确保食品安全？

******

项目实施

一、主辅料及调味料准备

主辅料：温泉鹅 1 只约 3000g（见图 5-7-2）；大葱 2 段约 100g，香葱 150g，生姜 200g，香菜 30g，蒜粒 40g，小尖椒 20g（见图 5-7-3）。

调味料：白糖 15g，精盐 40g，味精 50g，鸡精 30g，青柠 2 个（见图 5-7-4）。

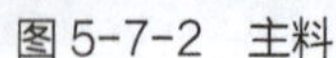

图 5-7-2　主料

图 5-7-3　辅料

图 5-7-4　调味料

二、生产制作流程

刀工处理→煮制→透凉→改刀装盘→调制蘸料→搭配上桌。

三、生产制作注意事项

（1）鹅肉最好选用琼海市万泉河沿岸农户按照传统方式饲养的本地杂交鹅。

（2）煮制过程不损坏整鹅原状，不破皮，浸煮至熟透，以鸭尾针插入鹅腿部不渗血水为宜。采用小火煮制，汤保持微沸状态。

（3）煮好的鹅肉在刀工处理、存放等环节应严格做好食品安全控制，确保不受污染。

四、依据步骤进行生产制作

步骤 1：将鹅放在砧板上，用剪刀剪下鹅脚、鹅翅膀、鹅脖子（见图 5–7–5），然后放入清水中清洗干净，生姜去皮后切成厚片，香葱挽成葱节，香菜切碎，蒜粒剁成蓉，小尖椒切碎（见图 5–7–6）。

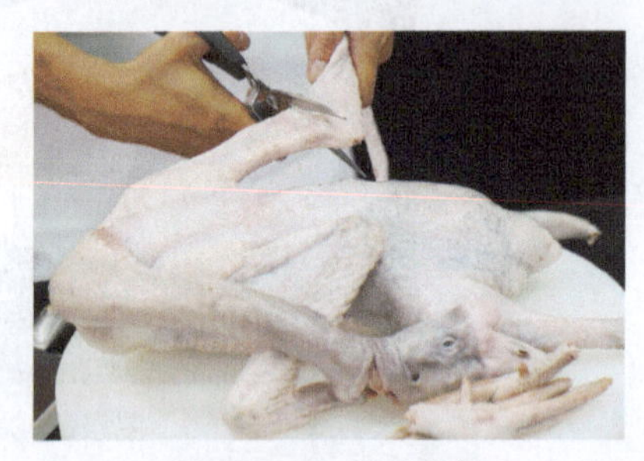

图 5-7-5　剪刀剪鹅

图 5-7-6　小尖椒切碎

步骤 2：将汤锅中加入能没过鹅肉的水量，将鹅用挂钩勾住后放入锅中，加入精盐、味精、鸡精、姜片、葱节、大葱，加热至沸腾，然后调小火使汤保持微沸，煮约 1 分钟将整鹅从汤中提起（见图 5–7–7），倒出腹腔中的汤水，再放入汤中浸煮。采用同样的方法反复浸煮约 8 次，使其内外受热均匀。

步骤 3：将鹅肉浸泡在汤水中，保持微沸状态继续浸煮约 20 分钟后关火，用原汤浸泡约 30 分钟后取出放入冰水中浸泡至凉透，然后捞出滴干水分（见图 5–7–8）。

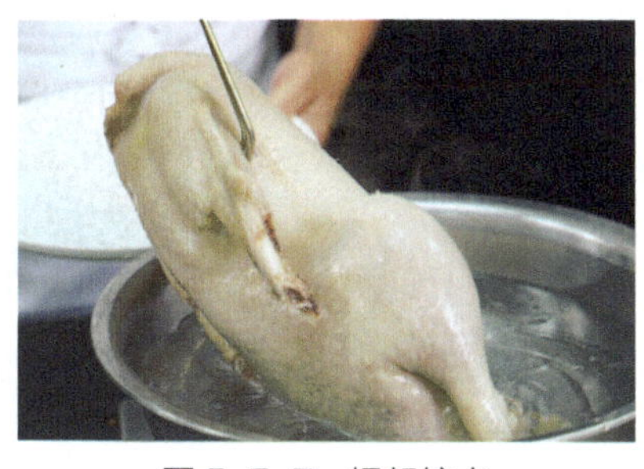
图 5-7-7　提起控水

图 5-7-8　滴干水分

步骤 4：将滴干水分的鹅肉放在熟食砧板上切砍成大小均匀、刀口利落的块（见图 5-7-9），然后整齐地摆放在盛菜碟中。

步骤 5：将蒜蓉、香菜碎、尖椒碎放入碗中，加入精盐、白糖，挤入青柠汁，冲入煮鹅肉的清汤，搅拌均匀后即成蘸料（见图 5-7-10），然后将蘸料与装好盘的鹅肉一起上桌即可。

图 5-7-9　切块

图 5-7-10　调制蘸料

综合评价

生产制作完成后，由你本人、你所在的小组其他成员和生产制作指导老师组成综合性评价小组，填写下列评价表。

评价项	评分项								比例	分值
	生产制作前		生产制作中			生产制作后		合计		
	资料查找 10%	项目分析 20%	原料准备 10%	生产规范 20%	成品质量 15%	清洁卫生 15%	实训报告 10%	100%		
自我评价									30%	
小组评价									30%	
老师评价									40%	
总　分									100%	

项目 8

红烧东山羊

项目目标

1. 搜集红烧东山羊的历史文化及传承等信息，并能恰当选用合格的原料。
2. 掌握红烧东山羊的烹调加工步骤、成品质量标准和安全操作注意事项。
3. 能依据“项目实施”做好各项准备，独立完成红烧东山羊的生产制作。

* * * * * *

项目分析

红烧东山羊（见图 5–8–1）具有“色泽诱人、香气扑鼻、肥而不腻”的特点，是海南十大经典名菜之一。东山羊，产自海南万宁市东山岭一带，故得此名，是万宁地区的特产，也是全国农产品地理标志产品。东山羊是极少数不带膻味的羊种之一，肉质紧实不松散。吃东山羊讲究“羊肉新鲜不隔夜”，当天宰杀的东山羊，皮薄肉嫩、肉质鲜美、富有弹性。为完成红烧东山羊的生产制作，传承红烧东山羊传统技艺，各学员不仅要做好相关准备，还应认真思考并回答完成此菜肴的生产制作所涉及的几个核心问题。

1. 优质东山羊肉具有的品相特征有哪些？
2. 选用东山羊肉需要注意什么？
3. 刀工处理羊肉的规格标准是什么？
4. 烹调过程中应如何控制火候才能达到“口感软糯”的质量标准？

图 5–8–1　红烧东山羊成品图

* * * * * *

项目实施

一、主辅料及调味料准备

主辅料：东山羊肉 500g（见图 5–8–2）；干腐竹 120g，胡萝卜 1 条约 200g，马蹄 5 个，青蒜 1 根，生姜 25g，八角 5g，桂皮 5g（见图 5–8–3）。

调味料：精盐 6g，味精 3g，白糖 10g，香油 2ml，绍酒 20ml，胡椒粉 2g，老抽 10ml，湿淀粉适量（见图 5-8-4）。

图 5-8-2　主料

图 5-8-3　辅料

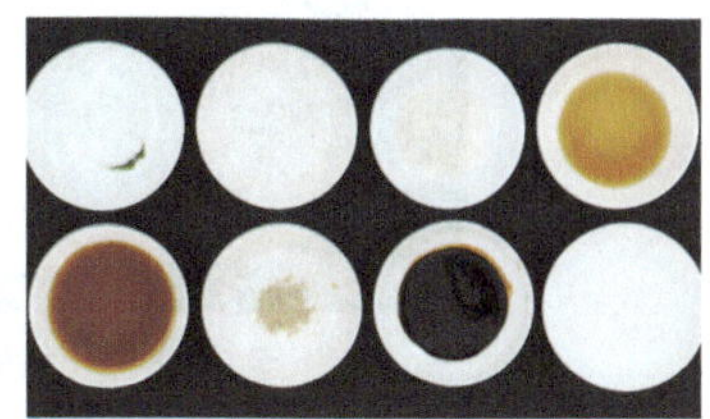

图 5-8-4　调味料

二、生产制作流程

刀工处理→兑调味汁→焯水→煸炒→焖制→调味→出锅装盘。

三、生产制作注意事项

（1）羊肉要买新鲜的，新鲜的羊肉才能做出美味的成品。

（2）羊肉砍切成小块后用清水浸泡 2 小时，浸泡过程多次换水，以去除羊肉的异味。

（3）煸炒羊肉时，应炒至羊肉表面微微上色，然后向锅中倒入绍酒和老抽增香上色。

四、依据步骤进行生产制作

步骤 1：将东山羊肉砍成 3cm 见方的块（见图 5-8-5），干腐竹放入温水中浸泡约 15 分钟后捞出，切成长约 4cm 的段，胡萝卜去皮后切滚刀块，马蹄去皮后一分为二，青蒜切成 4cm 长的斜刀段，生姜切小块（见图 5-8-6）。

图 5-8-5　羊肉切块

图 5-8-6　辅料切制成品

步骤 2：炒锅烧热后放入约 500ml 食用油，烧至六成热时放入腐竹段炸制（见图 5-8-7），待腐竹炸至外酥脆、微焦黄时捞出备用。

步骤 3：将炒锅烧热后下入底油，待油热时，下入生姜、八角、桂皮等原料，采用小火煸炒，待香味浓郁后放入羊肉不断翻炒，待羊肉呈现焦黄色时，倒入绍酒后继续翻炒，待绍酒挥发尽后放入老抽（见图 5-8-8），翻炒至上色均匀。

图 5-8-7 炸制腐竹　　图 5-8-8 放入老抽

步骤 4：加入清汤，然后盖上锅盖，用大火烧开后转用小火烧制约 20 分钟，然后放入胡萝卜块、马蹄、炸腐竹后翻动均匀（见图 5-8-9），盖上盖子继续烧制。

步骤 5：待胡萝卜软糯时加入精盐、味精、白糖、胡椒粉，夹出八角、桂皮，放入青蒜段，用湿淀粉勾稀薄芡（见图 5-8-10），淋入麻油，出锅入碟即成。

图 5-8-9 加入辅料

图 5-8-10 勾稀薄芡

综合评价

生产制作完成后，由你本人、你所在的小组其他成员和生产制作指导老师组成综合性评价小组，填写下列评价表。

评价项	评分项								比例	分值
	生产制作前		生产制作中			生产制作后		合计		
	资料查找 10%	项目分析 20%	原料准备 10%	生产规范 20%	成品质量 15%	清洁卫生 15%	实训报告 10%	100%		
自我评价									30%	
小组评价									30%	
老师评价									40%	
总分									100%	

项目 9

避风塘炒蟹

项目目标

1. 搜集避风塘炒蟹的历史文化及传承等信息，并能恰当选用合格的原料。
2. 掌握避风塘炒蟹的烹调加工步骤、成品质量标准和安全操作注意事项。
3. 能依据“项目实施”做好各项准备，独立完成避风塘炒蟹的生产制作。

******

项目分析

避风塘炒蟹（见图 5–9–1）具有“色泽金黄、蟹块干香、香而不腻、香飘扑鼻”的特点，是香港十大经典名菜之一。为完成避风塘炒蟹的生产制作，传承避风塘炒蟹传统技艺，各学员不仅要做好相关准备，还应认真思考并回答完成此菜肴的生产制作所涉及的几个核心问题。

1. 查询资料，进一步了解“避风塘料”的风味特点。
2. 主料选用有什么特别的要求？
3. 制作过程中应如何防止大蒜蓉炸制后呈现苦味？
4. 制作“避风塘料”时有哪些关键事项？
5. 制作此菜需要经过哪些烹饪流程？

图 5–9–1　避风塘炒蟹成品图

******

项目实施

一、主辅料及调味料准备

主辅料： 青蟹 2 只约 530g（见图 5–9–2）；大蒜蓉 150g，豆豉 25g，姜丝 30g，葱段 20g，辣椒段 15g，干淀粉 30g（见图 5–9–3）。

调味料： 大地鱼粉 15g，虾米粉 15g，辣椒粉 15g，辣椒油 6ml，料酒 30ml，白糖 5g，精盐 3g，白胡椒粉 3g（见图 5–9–4）。

图 5-9-2　主料

图 5-9-3　辅料

图 5-9-4　调味料

二、生产制作流程

宰杀青蟹→青蟹切块→腌制青蟹→浸泡蒜蓉→炸蒜蓉及辅料→炸青蟹→炒制调味→出锅装盘。

三、生产制作注意事项

（1）避风塘炒蟹最好选用青蟹。

（2）大蒜蓉用清水反复浸泡，浸泡过程可以去除大蒜中所含硫胺素和核黄素等物质，这些物质高温加热后容易变苦。

（3）油炸蒜蓉时需灵活控制好油温，待蒜蓉微黄时需要降低油温，捞出后放在吸油纸上，以便吸出多余的油脂，这样炒出的避风塘料才酥松。

四、依据步骤进行生产制作

步骤 1：用刷子将青蟹反复刷洗干净（见图 5-9-5），用剪刀撬开蟹壳，去鳃、去内脏备用；将每只青蟹切成大小适中的块，蟹脚尖切掉，蟹钳拍裂，蟹壳不切留用（见图 5-9-6）。

图 5-9-5　刷洗青蟹

图 5-9-6　刀工处理青蟹

步骤 2：切好的青蟹用精盐、白胡椒粉和料酒腌制 5 分钟后倒入漏勺，滴干水分（见图 5-9-7），然后放进干净的盆子中。

步骤 3：将大蒜蓉放进清水中浸泡约 10 分钟后用漏勺捞出，再放进清水中漂洗（见图 5-9-8），然后捞出沥干水分。

步骤 4：锅内入油 1.5L 左右，五成热时放入蒜蓉、姜丝、豆豉、干辣椒段炸至蒜蓉金黄色捞出控油。蟹块撒入干淀粉拌匀后放入七成热的油锅中炸至外表酥脆捞出

（见图 5-9-9）。

步骤 5：锅洗干净烧热后，不放油，下大地鱼粉、虾米粉、辣椒粉小火炒香后加入炸制的蒜蓉、姜丝、豆豉和干辣椒段炒香。加入炸好的青蟹，用精盐、白糖、辣椒油调味（见图 5-9-10），翻炒均匀后加入葱段，再翻炒均匀即可出锅装盘。

图 5-9-7　滴干水分

图 5-9-8　漂洗蒜蓉

图 5-9-9　炸制青蟹

图 5-9-10　炒制调味

综合评价

生产制作完成后，由你本人、你所在的小组其他成员和生产制作指导老师组成综合性评价小组，填写下列评价表。

<table>
<tr><th rowspan="3">评价项</th><th colspan="8">评分项</th><th rowspan="3">比例</th><th rowspan="3">分值</th></tr>
<tr><th colspan="2">生产制作前</th><th colspan="3">生产制作中</th><th colspan="2">生产制作后</th><th>合计</th></tr>
<tr><th>资料查找 10%</th><th>项目分析 20%</th><th>原料准备 10%</th><th>生产规范 20%</th><th>成品质量 15%</th><th>清洁卫生 15%</th><th>实训报告 10%</th><th>100%</th></tr>
<tr><td>自我评价</td><td></td><td></td><td></td><td></td><td></td><td></td><td></td><td></td><td>30%</td><td></td></tr>
<tr><td>小组评价</td><td></td><td></td><td></td><td></td><td></td><td></td><td></td><td></td><td>30%</td><td></td></tr>
<tr><td>老师评价</td><td></td><td></td><td></td><td></td><td></td><td></td><td></td><td></td><td>40%</td><td></td></tr>
<tr><td colspan="9">总　分</td><td>100%</td><td></td></tr>
</table>

项目 10

金奖乳鸽

项目目标

1. 搜集金奖乳鸽的历史文化及传承等信息，并能恰当选用合格的原料。
2. 掌握金奖乳鸽的烹调加工步骤、成品质量标准和安全操作注意事项。
3. 能依据“项目实施”做好各项准备，独立完成金奖乳鸽的生产制作。

******

项目分析

金奖乳鸽（见图 5-10-1）具有“色泽红艳、皮脆肉滑、骨嫩多汁”的特点，是香港十大经典名菜之一。在香港，不论是亲朋聚会还是高级宴会，都少不了金奖乳鸽这道美食。金奖乳鸽的主要原料是鸽子，制作时要先将鸽子处理干净，之后放入卤水里煮一会儿，然后捞出晾凉，再刷脆皮水晾干后放进油锅中炸制而成。为完成金奖乳鸽的生产制作，传承金奖乳鸽传统技艺，各学员不仅要做好相关准备，还应认真思考并回答完成此菜肴的生产制作所涉及的几个核心问题。

图 5-10-1　金奖乳鸽成品图

1. 乳鸽的质量标准有哪些？
2. 制作此菜采用的烹调技法是什么？操作关键有哪些？
3. 制作此菜的脆皮水应如何调制？
4. 乳鸽是否需要腌制？
5. 制作此菜需要经过哪些基本流程？

******

项目实施

一、主辅料及调味料准备

主辅料：光乳鸽 2 只每只约 350g（见图 5-10-2）；皮水 180ml，蒜粒 20g，干葱 20g，老姜片 15g，香菜 30g（见图 5-10-3）。

调味料：玫瑰露酒 100ml，精盐 4g，味粉 10g，冰糖 30g，胡椒粉 2g，八角 6g，桂皮 5g，白蔻 5g，丁香 2g，辣椒 6g，香叶 2g，茴香 3g，淮盐 5g，喼汁 10g（见图 5-10-4）。

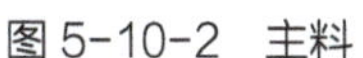
图 5-10-2　主料

图 5-10-3　辅料

图 5-10-4　调味料

二、生产制作流程

煮制腌汁→调味腌制→烫皮→上皮水→晾干→炸制→砍件装盘。

三、生产制作注意事项

（1）炸制乳鸽的皮水用白醋 50ml、大红浙醋 25ml、麦芽糖 15ml、柠檬汁 3ml 混合均匀即可。

（2）腌制乳鸽的时间较长，腌制过程要注意保鲜。

（3）掌握好炸制的时间与油温，既要使菜式香酥，又要保持肉质水分。

四、依据步骤进行生产制作

步骤 1：将锅烧热后放入适量食用油，放入八角、桂皮、白蔻、丁香、辣椒、香叶、茴香、蒜粒、干葱、老姜片、香菜等炒制（见图 5-10-5），香味浓郁后放入清水 1L，大火烧开后转小火煮约 10 分钟后倒入汤盆中（见图 5-10-6），自然放凉。

图 5-10-5　炒制腌料

图 5-10-6　制作汤水

步骤 2：将放凉后的汤水用精盐、冰糖、味粉、胡椒粉、玫瑰露酒调味，搅拌均匀后将乳鸽放入腌汁中浸泡腌制（见图 5-10-7），需放入冰箱冷藏腌制约 12 小时备用。

步骤 3：将腌制好的乳鸽取出，用铁钩钩住鸽子头部，左手拎起乳鸽悬于锅上，右手用手勺舀沸水淋在鸽子身上（见图 5-10-8），烫至表皮紧实后放进清水中清洗净表面的油脂。

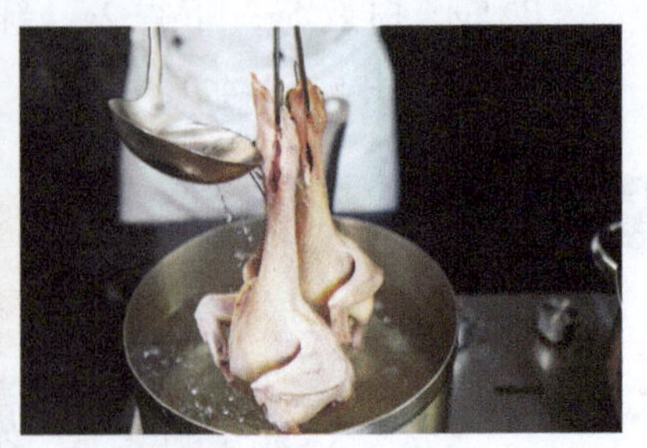

图 5-10-7　浸泡腌制　　图 5-10-8　烫皮

步骤 4：将洗净的乳鸽悬挂在通风处晾干表面水分后刷上皮水（见图 5-10-9），上好皮水后用风扇吹约 180 分钟至表皮干燥。

步骤 5：将表皮干燥的乳鸽放进三成热的油锅中逐步加热，当油温升至五成热时浸炸约 6 分钟捞出，待油温升至七成热时，将油不断地淋在鸽皮上（见图 5-10-10），直到鸽皮色金黄、酥脆后放在砧板上砍成大小适宜的块配上淮盐、喼汁即可。

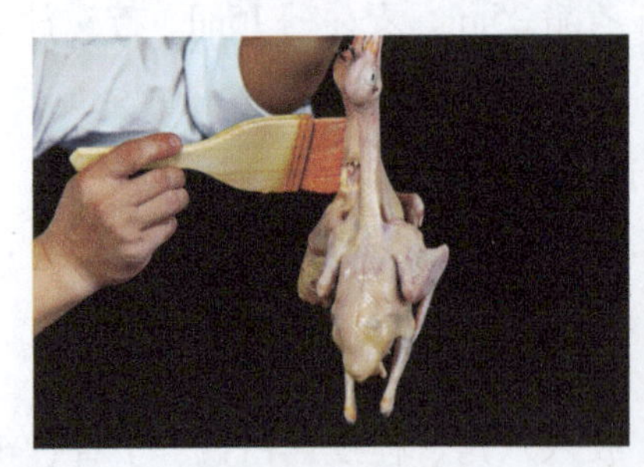

图 5-10-9　刷皮水　　图 5-10-10　炸制

生产制作完成后，由你本人、你所在的小组其他成员和生产制作指导老师组成综合性评价小组，填写下列评价表。

<table>
<tr><th rowspan="3">评价项</th><th colspan="8">评分项</th><th rowspan="3">比例</th><th rowspan="3">分值</th></tr>
<tr><th colspan="2">生产制作前</th><th colspan="3">生产制作中</th><th colspan="2">生产制作后</th><th>合计</th></tr>
<tr><th>资料查找 10%</th><th>项目分析 20%</th><th>原料准备 10%</th><th>生产规范 20%</th><th>成品质量 15%</th><th>清洁卫生 15%</th><th>实训报告 10%</th><th>100%</th></tr>
<tr><td>自我评价</td><td></td><td></td><td></td><td></td><td></td><td></td><td></td><td></td><td>30%</td><td></td></tr>
<tr><td>小组评价</td><td></td><td></td><td></td><td></td><td></td><td></td><td></td><td></td><td>30%</td><td></td></tr>
<tr><td>老师评价</td><td></td><td></td><td></td><td></td><td></td><td></td><td></td><td></td><td>40%</td><td></td></tr>
<tr><td colspan="9">总　分</td><td>100%</td><td></td></tr>
</table>

项目 11

焗葡国鸡

项目目标

1. 搜集焗葡国鸡的历史文化及传承等信息，并能恰当选用合格的原料。
2. 掌握焗葡国鸡的烹调加工步骤、成品质量标准和安全操作注意事项。
3. 能依据“项目实施”做好各项准备，独立完成焗葡国鸡的生产制作。

******

项目分析

焗葡国鸡（见图 5-11-1）具有“色泽金黄、浓浓椰香、淡淡咖喱味、芳香味醇”的特点，是澳门十大经典名菜之一。为完成焗葡国鸡的生产制作，传承焗葡国鸡传统技艺，各学员不仅要做好相关准备，还应认真思考并回答完成此菜肴的生产制作所涉及的几个核心问题。

1. 查询资料，进一步了解此菜的风味特点及传承情况。
2. 选料时，对各种主辅原料有什么特别要求？
3. “焗”制技法的操作关键是什么？
4. 制作此菜添加椰浆有什么作用？
5. 为确保成品质量，焗制时间与烤箱温度的标准是什么？

图 5-11-1　焗葡国鸡成品图

******

项目实施

一、主辅料及调味料准备

主辅料：光鸡半只约 600g（见图 5-11-2）；白洋葱 150g，土豆 1 个约 150g，胡萝卜 1 节约 100g，鸡蛋 1 个，黑橄榄 6 个，葡式香肠 1 根（见图 5-11-3）。

调味料：马苏里拉芝士 80g，椰浆 150ml，香叶 2 片，椰丝 25g，姜黄粉 5g，咖喱粉 10g，精盐 4g，黑胡椒碎 4g，白葡萄酒 20ml，橄榄油 40ml（见

图 5-11-4）。

图 5-11-2 主料

图 5-11-3 辅料

图 5-11-4 调味料

二、生产制作流程

刀工处理→腌制鸡肉→煎制鸡肉→烩制→装碟→加入配料→焗制成菜。

三、生产制作注意事项

（1）洋葱宜选用白洋葱，白洋葱口感脆甜。

（2）烩制过程需要恰当掌握火力大小，防止火力过大造成汤汁挥发过快，而原料未软糯。

（3）椰浆不宜高温加热，需要待出锅时再添加。

（4）掌握好焗制时间与烤箱温度，防止椰丝被烤煳而导致质量欠佳。

四、依据步骤进行生产制作

步骤 1：将光鸡放在砧板上砍块后放入盛器中，用精盐、黑胡椒碎、姜黄粉及少许橄榄油腌制（见图 5-11-5），白洋葱切片，土豆和胡萝卜去皮后分别切滚刀块，葡式香肠切斜刀厚片（见图 5-11-6），鸡蛋放入清水中煮熟备用。

图 5-11-5 腌制

图 5-11-6 辅料改刀成品

步骤 2：平底锅烧热后放入少许橄榄油，然后将鸡肉放入锅中煎制（见图 5-11-7），一面煎黄后继续煎另一面，待两面都煎上色后盛出备用。

步骤 3：锅烧热后放入橄榄油，把白洋葱片倒入锅中炒香，再放入香叶把香味炒出来，大约炒 1 分钟后加入咖喱粉稍微炒制，待油色变黄时放入煎好的鸡肉翻炒均匀，倒入白葡萄酒、土豆块及胡萝卜块翻炒（见图 5-11-8）。

图 5-11-7　煎制鸡肉

图 5-11-8　炒制主辅料

步骤4：翻炒均匀后，加入没过原料的汤水煮制约20分钟至土豆、胡萝卜等软糯，放入葡式香肠及黑橄榄继续煮（见图 5-11-9），约 3 分钟后关火，倒入椰浆拌匀备用。

步骤 5：将煮好的原料放入盛器中，把鸡蛋切片放在表面，然后撒上椰丝和马苏里拉芝士，放进面火 220℃的烤箱中焗制（见图 5-11-10），待芝士熔化后取出即成。

图 5-11-9　烩制

图 5-11-10　焗制

综合评价

生产制作完成后，由你本人、你所在的小组其他成员和生产制作指导老师组成综合性评价小组，填写下列评价表。

<table>
<tr><td rowspan="3">评价项</td><td colspan="8">评分项</td><td rowspan="3">比例</td><td rowspan="3">分值</td></tr>
<tr><td colspan="2">生产制作前</td><td colspan="3">生产制作中</td><td colspan="2">生产制作后</td><td>合计</td></tr>
<tr><td>资料查找 10%</td><td>项目分析 20%</td><td>原料准备 10%</td><td>生产规范 20%</td><td>成品质量 15%</td><td>清洁卫生 15%</td><td>实训报告 10%</td><td>100%</td></tr>
<tr><td>自我评价</td><td></td><td></td><td></td><td></td><td></td><td></td><td></td><td></td><td>30%</td><td></td></tr>
<tr><td>小组评价</td><td></td><td></td><td></td><td></td><td></td><td></td><td></td><td></td><td>30%</td><td></td></tr>
<tr><td>老师评价</td><td></td><td></td><td></td><td></td><td></td><td></td><td></td><td></td><td>40%</td><td></td></tr>
<tr><td colspan="9">总　分</td><td>100%</td><td></td></tr>
</table>

项目 12

姜葱奄仔蟹

项目目标

1. 搜集姜葱奄仔蟹的历史文化及传承等信息，并能恰当选用合格的原料。
2. 掌握姜葱奄仔蟹的烹调加工步骤、成品质量标准和安全操作注意事项。
3. 能依据“项目实施”做好各项准备，独立完成姜葱奄仔蟹的生产制作。

******

项目分析

姜葱奄仔蟹（见图 5–12–1）具有“色泽红艳、味道鲜美、姜葱味浓”的特点，是澳门十大经典名菜之一。奄仔蟹的蟹肉甜美嫩滑，蟹黄似流动的黄油，口感温香。姜葱奄仔蟹是广东、香港、澳门等地区的一种传统吃法，其特色就是加入大量的葱姜，激发出螃蟹的鲜味，口味纯正鲜美，而且葱姜还有中和螃蟹寒气的作用。为完成姜葱奄仔蟹的生产制作，传承姜葱奄仔蟹传统技艺，各学员不仅要做好相关准备，还应认真思考并回答完成此菜肴的生产制作所涉及的几个核心问题。

图 5–12–1　姜葱奄仔蟹成品图

1. 奄仔蟹的品质特征有哪些？
2. 制作此菜一般需要经过哪些制作流程？
3. 初加工时，奄仔蟹的加工标准是什么？
4. 烹饪过程中如何锁住奄仔蟹的鲜味？
5. 葱、姜在制作此菜的作用主要有哪些？

******

项目实施

一、主辅料及调味料准备

主辅料：奄仔蟹 2 只约 650g（见图 5–12–2）；生姜 40g，蒜粒 30g，干葱头 15g，香葱 80g，干淀粉 50g（见图 5–12–3）。

调味料：精盐 2g，白糖 4g，米酒 20ml，生抽 6ml，蚝油 15g（见图 5-12-4）。

图 5-12-2 主料

图 5-12-3 辅料

图 5-12-4 调味料

二、生产制作流程

宰杀奄仔蟹→刀工处理→沾干淀粉→煎奄仔蟹→炒制→出锅装盘。

三、生产制作注意事项

（1）奄仔蟹是海产品，稍微带有点咸味，调味时需要注意精盐的用量。

（2）奄仔蟹的壳及脚尖比较锋利，在刀工处理时需要将其处理掉。

（3）奄仔蟹易熟，烹调时不宜加热过久，肉熟透即可，以免影响肉质。

（4）奄仔蟹需拍粉煎制，这样可以防止炒制时蟹肉脱落，也可以较好地锁住蟹肉的鲜味。

四、依据步骤进行生产制作

步骤 1：将奄仔蟹壳打开，取出蟹鳃（见图 5-12-5），用刀将蟹壳尖角处剁掉、将蟹脚尖剁掉，然后用刀将蟹钳拍裂，将蟹身一分为四（见图 5-12-6），放入盛器中备用。

图 5-12-5 取出蟹鳃

图 5-12-6 刀工处理成型

步骤 2：将生姜切成粗丝，蒜粒拍裂后剁碎，干葱头切碎，香葱切成段后将葱白和葱青分别放置于盛器中（见图 5-12-7）。

步骤 3：在奄仔蟹的切口处沾上干淀粉（见图 5-12-8）。

步骤 4：锅烧热后，加入适量的油，先将沾有干淀粉的切口处贴锅放进锅中煎制，蟹壳也放入锅中，待煎上色后翻另一面继续煎（见图 5-12-9），两面煎上色后出锅备用。

步骤 5：另起锅，烧热后加入适量的食用油，放入干葱头碎、蒜碎、葱白段、姜丝等煸炒至香味浓郁后放入煎好的蟹肉，从锅边淋入米酒，大火翻炒片刻，加入清水约 80ml，用精盐、生抽、白糖、蚝油调味后继续翻炒（见图 5-12-10），待汁近干时用适量干淀粉加水调成淀粉水勾芡，然后加入葱青段继续翻炒片刻，淋入包尾油即可出锅成菜。

图 5-12-7　辅料刀工成品

图 5-12-8　沾裹干淀粉

图 5-12-9　煎制

图 5-12-10　炒制

综合评价

生产制作完成后，由你本人、你所在的小组其他成员和生产制作指导老师组成综合性评价小组，填写下列评价表。

评价项	评分项								比例	分值
	生产制作前		生产制作中			生产制作后		合计		
	资料查找 10%	项目分析 20%	原料准备 10%	生产规范 20%	成品质量 15%	清洁卫生 15%	实训报告 10%	100%		
自我评价									30%	
小组评价									30%	
老师评价									40%	
总　分									100%	

模块测试

一、简答题

1. 简要回答粤式风味菜的组成及各区域的特点。
2. 简要回答海南十大经典风味名菜有哪些。
3. 简要回答制作古法彭公鹅的注意事项。
4. 简要回答制作金奖乳鸽需要的主辅料和调味料的名称与数量。
5. 简要回答制作焗葡国鸡的工艺流程。

二、实训题

1. 自行组建每组 5 人的调研团队，通过多渠道查询当地是否有销售华南地区菜肴的餐厅，实地调研此家餐厅销售的华南地区菜肴的名称、售价、销量等，然后完成调研报告，制作成 PPT 在班级活动中展示交流。

2. 根据“避风塘炒蟹”的原料配备、生产制作流程、制作注意事项、制作步骤等设计一款运用花蟹制作的中式热菜，并依据设计出的菜谱，采购原料，然后到实训室中将其制作出来，制作好后请计算其成本，并进行定价。

3. 请自行选择一道华南地区代表性名菜进行制作，将制作过程进行全程拍摄，运用多媒体技术剪辑成不超过 1 分钟的短视频，放在自媒体平台进行推广，统计在 24 小时内获赞情况，在班级活动中进行分享展示。

模块6 西南地区风味代表名菜

学习目标

知识目标

- 了解西南地区风味代表名菜概况。
- 熟悉西南地区风味代表名菜的质量标准及传承情况。
- 掌握西南地区风味代表名菜生产制作流程及注意事项。
- 掌握西南地区风味代表名菜原料选用与调味料构成及生产制作步骤。

能力目标

- 轮值小组长能根据小组成员的综合能力进行分工，并监督实施；各小组成员能够按照分工，相互配合完成实训工作。
- 能较好地运用鲜活原料初加工技术、刀工技术，依据项目实施相关要求做好西南地区风味代表名菜制作的准备工作。
- 能够制作西南地区风味代表名菜，且工艺流程、制作步骤、成菜质量等符合相关标准。
- 通过对相关知识的学习与西南地区风味代表名菜的深入实训，结合消费者的需求变化，能进行创新、开发适销对路的新西南地区风味代表名菜。

素质目标

- 具有较强的时间管理观念和效率意识。
- 初步养成善思考、善观察和勤学好问的好习惯。

模块导读

西南地区简称西南。西南地区经典名菜主要从重庆市、四川省、贵州省、云南省、西藏自治区的风味菜肴中精选组成。

一、重庆风味菜概况

重庆风味菜简称渝菜，又称渝派川菜。渝菜以巴渝地区菜品为主，以味型鲜明、主次有序为特色，又以麻、辣、鲜、嫩、烫为重点。渝菜分为宴席菜、江湖菜、家常菜、民间小吃、药膳滋补菜、少数民族菜和重庆火锅风味菜七大类。渝菜以麻辣为主，菜品具有不拘一格的特色。

中烹协发布的地方风味名菜中所列重庆经典名菜包含重庆火锅（见图 6-0-1）、重庆回锅肉、酸菜鱼、毛血旺、粉蒸肉、辣子鸡、重庆烤鱼（见图 6-0-2）、水煮鱼、黔江鸡杂、豆花等十大菜品。

图 6-0-1　重庆火锅

图 6-0-2　重庆烤鱼

二、四川风味菜概况

四川风味菜简称川菜。川菜以家常菜为主，高端菜为辅，取材多为日常百味，也不乏山珍海味。其特点为：“善用三椒”“一菜一格，百菜百味”；口味多变，包含鱼香、家常、麻辣、红油、蒜泥、姜汁、陈皮、芥末、纯甜、怪味等。川菜以取材广泛、调味多变、菜式多样、口味清鲜、醇浓并重、善用麻辣调味著称，并以别具一格的烹调方法和浓郁的地方风味闻名，融汇了东南西北各方的特点，博采众家之长，善于吸收和创新。

中烹协发布的地方风味名菜中所列四川经典名菜包含夫妻肺片（见图 6-0-3）、大千干烧鱼、四川回锅肉、宫保鸡丁、开水白菜（见图 6-0-4）、鸡豆花、清蒸江团、麻婆豆腐、鱼香肉丝、砂锅雅鱼等十大菜品。

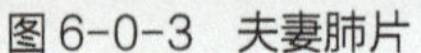

图 6-0-3　夫妻肺片

图 6-0-4　开水白菜

三、贵州风味菜概况

贵州风味菜简称黔菜。黔菜以醇辣、酸鲜、香浓、味厚为口味特点。在辣味的制作上非常考究，通过干制、腌、炒制、烤制、舂制等不同方法加工制作出几十种辣味调料。可谓是“一辣一格、辣出百味、辣出风格、辣出品位”。贵州阴雨湿润的特殊气候和辣椒驱寒、驱风湿的功效，致使贵州人特别嗜辣。古时缺盐，勤劳智慧的苗、侗少数民族，在长期的生活实践中，摸索出以酸补盐的办法。“三天不吃酸，走路打窜窜”的谚语就是食酸增补体能的佐证。黔菜不但有常见的醋酸，更有以贵州特有工艺和原料制作的番茄酸、糟辣酸、虾酸、米汤酸等风味各异的酸汤。利用山珍野味、河鲜野菜烹制出的黔菜讲究口感鲜嫩爽口，成菜天然地具有暗香扑鼻、回味悠长的特点。黔菜具有原汤原味、香浓醇厚的特点，擅长爆、炒、煮、炖、烧、烤、煎等技法。

中烹协发布的地方风味名菜中所列贵州经典名菜包含花江狗肉、苗家酸汤鱼、宫保鸡丁、贵州辣子鸡、骟鸡点豆腐、素瓜豆、青岩状元蹄（见图 6–0–5）、乌江豆腐鱼、盗汗鸡（见图 6–0–6）、糟辣肉片等十大菜品。

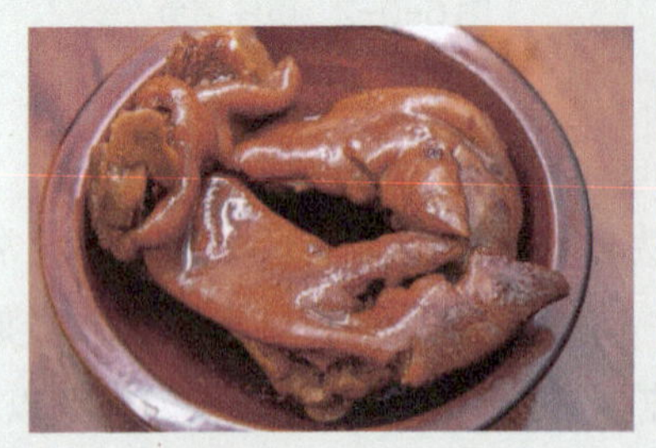

图 6-0-5　青岩状元蹄

图 6-0-6　盗汗鸡

四、云南风味菜概况

云南风味菜简称滇菜。一般而言，滇菜是以昆明菜为中心，由滇东北、滇西、滇南三个地方风味汇集而成。总体上，云南四季如春，是动植物王国，还是药材之乡、花木之乡，时鲜瓜果、山珍菌类用之不尽，花椒、芫荽、八角、灯笼椒、长角椒、小米椒、梅子醋、木瓜醋等调味料质量颇优，故滇菜选料广泛，以山珍河鲜见长，烹调方法多样，擅长蒸、炸、卤、炖、烤、腌、冻、焐，还有少数民族的竹筒法、石烹法、汽锅等技法。菜肴则是酥、脆、糯、重油醇厚，熟而不烂，嫩而不生。总之，滇菜的口味特点是“鲜、辣、香、浓”。

中烹协发布的地方风味名菜中所列云南经典名菜包含大救驾（见图 6-0-7）、白油鸡枞、汽锅鸡、老昆明羊汤锅、水煎乳饼、山官牛头、宣威小炒肉、酥炸云虫（见图 6-0-8）、圆子鸡、野生菌火锅等十大菜品。

图 6-0-7　大救驾

图 6-0-8　酥炸云虫

五、西藏风味菜概况

西藏风味菜简称藏菜。藏菜烹饪方法以煮、炸为主，辅以拌、蒸和生食，较少炒菜，这是西藏海拔高、食物不易炒熟的缘故。西藏农区和牧区饮食差异较大。牧区以肉食为主食，只吃少量糌粑，但农区恰恰相反。

中烹协发布的地方风味名菜中所列西藏经典名菜包含酱烧牦牛蹄（见图 6-0-9）、灌羊肺、烤羊排（见图 6-0-10）、咖喱牛肚、酸萝卜炒牛肉丝、萝卜拉锅、雪域羊头、香猪薄饼配松茸酱、夏布精、原味牛舌等十大菜品。

图 6-0-9　酱烧牦牛蹄

图 6-0-10　烤羊排

项目 1

水煮鱼

项目目标

1. 搜集水煮鱼的历史文化及传承等信息，并能恰当选用合格的原料。
2. 掌握水煮鱼的烹调加工步骤、成品质量标准和安全操作注意事项。
3. 能依据“项目实施”做好各项准备，独立完成水煮鱼的生产制作。

******

项目分析

水煮鱼（见图 6-1-1）具有“油而不腻、辣而不燥、麻而不苦、鲜而不腥、肉质滑嫩、味浓醇厚”的特点，是重庆十大经典名菜之一。水煮鱼又名水煮鱼片，全称翠云水煮鱼，是在水煮肉片的基础上演变、发展而来。为完成水煮鱼的生产制作，传承水煮鱼传统技艺，各学员不仅要做好相关准备，还应认真思考并回答完成此菜肴的生产制作所涉及的几个核心问题。

1. 查询资料，进一步掌握“水煮”技法的操作关键。
2. 制作此菜的一般工艺流程包括哪些？
3. 刀工处理时，主料鱼片的加工规格标准是什么？
4. 选用辣椒时有什么特别要求？
5. “烫油”的操作关键有哪些？

图 6-1-1　水煮鱼成品图

******

项目实施

一、主辅料及调味料准备

主辅料：草鱼片 500g（见图 6-1-2）；姜末 15g、蒜末 10g、碎蒜 12g，葱花 10g、豆芽 150g、干辣椒段 15g，花椒 8g，鸡蛋清 1 个（见图 6-1-3）。

调味料：精盐 3g、鸡精 2g，料酒 5ml，白胡椒粉 0.5g，十三香 0.5g，豆瓣酱 50g，干淀粉 10g（见图 6–1–4）。

图 6-1-2　主料

图 6-1-3　辅料

图 6-1-4　调味料

二、生产制作流程

浸泡鱼片→腌制鱼片→炙锅→炒制酱料→调味→煮制豆芽→煮制鱼片→撒上“盖面”食材→淋热油成菜。

三、生产制作注意事项

（1）辣椒需选用小灯笼椒与小米辣两种混合使用，用量比为 7∶3 为宜。

（2）烫油是水煮菜系的关键步骤，高油温会激发辣椒、花椒的香味散发。

四、依据步骤进行生产制作

步骤 1：将鱼片放进盛器中，加一勺精盐，把鱼片抓拌均匀，加入清水浸泡 5 分钟左右（见图 6–1–5），之后将泡好的鱼片清洗两三次后捞出控净水分；然后再用精盐、料酒、白胡椒粉、鸡蛋清、干淀粉及少许水抓拌均匀（见图 6–1–6）。

图 6-1-5　浸泡鱼片

图 6-1-6　腌制鱼片

步骤 2：炒锅烧热后放入适量的食用油，待油温升至七成热时放入姜蒜、豆瓣酱炒香，加入适量的水（见图 6–1–7），用精盐、鸡精调味，烧至汤汁沸腾后加入豆芽，待豆芽熟后用漏勺捞入盛器中垫底，留汤汁备用（见图 6–1–8）。

步骤 3：将腌好的鱼片抖散放入沸腾的汤汁中（见图 6–1–9），煮至鱼片刚熟时，将汤和鱼片一起盛入装有豆芽的盛器中，然后在鱼片上撒蒜末、干辣椒段、花椒、葱花等盖面原料。

步骤 4：另起锅，待锅烧热后放入食用油约 80ml，待食用油烧至八成热时用手勺将热油舀出，趁热淋在盖面原料上（见图 6-1-10），趁热上菜。

图 6-1-7　加汤水

图 6-1-8　捞出豆芽

图 6-1-9　煮鱼片

图 6-1-10　淋入热油

综合评价

生产制作完成后，由你本人、你所在的小组其他成员和生产制作指导老师组成综合性评价小组，填写下列评价表。

评价项	评分项								比例	分值
	生产制作前		生产制作中			生产制作后		合计		
	资料查找 10%	项目分析 20%	原料准备 10%	生产规范 20%	成品质量 15%	清洁卫生 15%	实训报告 10%	100%		
自我评价									30%	
小组评价									30%	
老师评价									40%	
总　分									100%	

项目 2

毛血旺

项目目标

1. 搜集毛血旺的历史文化及传承等信息，并能恰当选用合格的原料。
2. 掌握毛血旺的烹调加工步骤、成品质量标准和安全操作注意事项。
3. 能依据“项目实施”做好各项准备，独立完成毛血旺的生产制作。

* * * * * *

项目分析

毛血旺（见图 6–2–1）具有“色泽红亮、火锅味浓、麻辣鲜香、毛肚脆爽、鳝片软滑、鸭血细嫩、滚烫香浓”的特点，是重庆十大经典名菜之一、重庆磁器口的三大名菜之一。为完成毛血旺的生产制作，传承毛血旺传统技艺，各学员不仅要做好相关准备，还应认真思考并回答完成此菜肴的生产制作所涉及的几个核心问题。

1. 毛血旺中的“毛”“血”“旺”分别指什么食材？
2. 选料上有什么特别的要求？
3. 刀工处理时，各主料的加工规格标准是什么？
4. 调味方面需要注意哪些？
5. 此菜成品宜采用什么样的器皿盛装？

图 6–2–1　毛血旺成品图

* * * * * *

项目实施

一、主辅料及调味料准备

主辅料： 毛肚 100g，鳝鱼片 100g，鸭血 150g，午餐肉 50g，梅头肉 100g（见图 6–2–2）；黄豆芽 50g，水发黄花菜 50g，水发木耳 50g，莴笋尖 50g，香芹段 50g，白芝麻 3g，香菜 15g（见图 6–2–3）。

调味料： 干辣椒 30g，秘制火锅底料 150g，精盐 2g，鸡粉 5g，花椒 10g，红油豆瓣酱 30g，醪糟汁 10g，胡椒粉 3g，水淀粉 15g，鸡油 10g（见图 6–2–4）。

图 6-2-2　主料

图 6-2-3　辅料

图 6-2-4　调味料

二、生产制作流程

刀工处理→炒制垫底原料→熬制底汤→煮制主料→“盖面”→配香菜段成菜。

三、生产制作注意事项

（1）煮料时，耐煮慢熟的食材应先下锅煮，如鸭血、鳝鱼片等；易熟食材应后下锅，如毛肚等应最后下锅，否则容易变老影响口感。

（2）炒制盖面原料时，需注意油温和时间，防止辣椒、花椒炸煳，造成香味流失。

四、依据步骤进行生产制作

步骤 1：鸭血切成厚片，毛肚切粗丝，午餐肉切成大片，鳝鱼片切段，梅头肉切成片，黄豆芽切去须根，莴笋尖切成芽状，黄花菜切去蒂，木耳去蒂切大片，香菜切段，干辣椒去籽切寸段，红油豆瓣剁茸（见图 6–2–5）；梅头肉片后用精盐、水淀粉上浆（见图 6–2–6）。

图 6-2-5　刀工处理成品

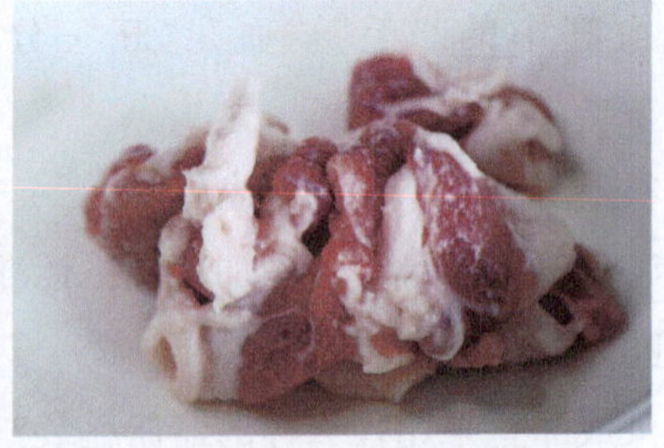
图 6-2-6　腌制梅头肉

步骤 2：锅烧热后下入鸡油，将黄豆芽、水发黄花菜、水发木耳、莴笋尖、香芹等快速炒制（见图 6–2–7），不需要调味，炒熟后装入盛器中垫底备用。

步骤 3：将锅烧热后下入食用油，然后放入秘制火锅底料小火慢炒至香味溢出，加入水，烧沸后持续煮约 5 分钟，放入精盐、鸡粉、胡椒粉、醪糟汁调味（见图 6–2–8）。

步骤 4：放入鸭血片、鳝鱼片、午餐肉、梅头肉片一起煮熟，放入毛肚煮断生（见图 6–2–9），快速出锅装入垫有蔬菜的盛器内。

步骤 5：炒锅置旺火上，倒食用油烧至六成热，放入干辣椒节、花椒、白芝麻炸香，快速淋在菜肴表面（见图 6-2-10），撒上香菜段，趁热上菜即成。

图 6-2-7　炒制垫底蔬菜

图 6-2-8　熬制底汤

图 6-2-9　煮制主料

图 6-2-10　“盖面”

综合评价

生产制作完成后，由你本人、你所在的小组其他成员和生产制作指导老师组成综合性评价小组，填写下列评价表。

评价项	评分项								比例	分值
	生产制作前		生产制作中			生产制作后		合计		
	资料查找 10%	项目分析 20%	原料准备 10%	生产规范 20%	成品质量 15%	清洁卫生 15%	实训报告 10%	100%		
自我评价									30%	
小组评价									30%	
老师评价									40%	
总　分									100%	

项目 3

辣子鸡

项目目标

1. 搜集辣子鸡的历史文化及传承等信息，并能恰当选用合格的原料。
2. 掌握辣子鸡的烹调加工步骤、成品质量标准和安全操作注意事项。
3. 能依据“项目实施”做好各项准备，独立完成辣子鸡的生产制作。

******

项目分析

辣子鸡（见图 6–3–1）具有“色泽棕红、辣椒酥脆、麻辣鲜香、干而不柴、滋润化渣”的特点，是重庆十大经典名菜之一。此菜大胆地大量使用了干辣椒、干花椒，以求得十分强烈的麻辣味感。辣子鸡以其独特的魅力，从众多的鸡肴中脱颖而出，成为最早出名的渝菜之一。为完成辣子鸡的生产制作，传承辣子鸡传统技艺，各学员不仅要做好相关准备，还应认真思考并回答完成此菜肴的生产制作所涉及的几个核心问题。

图 6–3–1 辣子鸡成品图

1. 查询资料，进一步了解此菜的风味特点。
2. 制作此菜需要经过哪些制作流程？
3. 辣椒和鸡肉的比例应在什么范围才能达到质量要求？
4. 炸制时对火力有什么要求？

******

项目实施

一、主辅料及调味料准备

主辅料：光土仔公鸡半只约 900g（见图 6–3–2）；花椒 30g，二荆条干辣椒 180g，酥花生米 80g，熟芝麻 15g，葱花 20g，姜蒜各 20g，生粉 30g（见图 6–3–3）。

调味料：米酒 20ml，鸡粉 5g，白糖 20g，精盐 8g，红酱油 25ml，香油 5ml（见图 6–3–4）。

图 6-3-2　主料

图 6-3-3　辅料

图 6-3-4　调味料

二、生产制作流程

刀工处理→腌制鸡丁→炸制鸡丁→炒制料头→放入鸡丁翻炒→调味→出锅装盘。

三、生产制作注意事项

（1）辣椒和花椒可以根据客人的口味添加，不过为了原汁原味地体现这道菜的特色，做好的成品最好是辣椒能把鸡全部盖住。

（2）鸡肉炸制前需腌制，如果炒制时再加精盐，盐味是进不了鸡肉的，因为鸡肉的外壳已经被炸干，质地比较紧密，精盐只能附着在鸡肉的表面，影响味道。

（3）炸鸡用的油一定要烧得很热，否则鸡肉没有外酥里嫩的口感。

四、依据步骤进行生产制作

步骤 1：将光土仔公鸡清洗干净后放在砧板上斩切成 1.5cm 见方的小丁（见图 6–3–5），干辣椒切成 1.5cm 长度的节后用漏勺筛去辣椒籽，生姜和大蒜分别切成末（见图 6–3–6），装入盛器中备用。

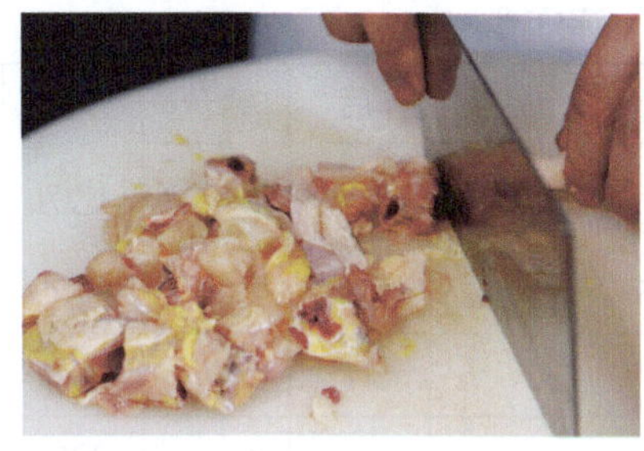

图 6-3-5　鸡肉切成小丁

图 6-3-6　料头改刀成品

步骤 2：将鸡丁放入较大盆内，加精盐、米酒，抓拌均匀腌制入味，然后加入少许生粉（见图 6–3–7），抓拌均匀后静置备用。

步骤 3：将锅置于火上，放入菜籽油烧至七成油温时，放入鸡丁炸制，待鸡丁熟透且色金黄、外酥脆时捞出（见图 6–3–8），滴干油备用。

图 6-3-7　腌制鸡丁

图 6-3-8　炸制鸡丁

步骤 4：锅中留底油，放入姜末、蒜末炒出焦香味，再放入花椒及干辣椒段小火炒制，待干辣椒与花椒的香味浓郁时放入鸡丁炒制（见图 6-3-9）。

步骤 5：炒制约 2 分钟后淋入红酱油、鸡粉、精盐、白糖等调味料后继续翻炒均匀，待鸡肉充分吸收辣椒及花椒等香味成分后，撒上酥花生米、熟芝麻、葱花翻炒均匀出锅装盘（见图 6-3-10），趁热上桌即成。

图 6-3-9　炒制鸡丁

图 6-3-10　出锅装盘

综合评价

生产制作完成后，由你本人、你所在的小组其他成员和生产制作指导老师组成综合性评价小组，填写下列评价表。

<table>
<tr><th rowspan="3">评价项</th><th colspan="8">评分项</th><th rowspan="3">比例</th><th rowspan="3">分值</th></tr>
<tr><th colspan="2">生产制作前</th><th colspan="3">生产制作中</th><th colspan="2">生产制作后</th><th>合计</th></tr>
<tr><th>资料查找10%</th><th>项目分析20%</th><th>原料准备10%</th><th>生产规范20%</th><th>成品质量15%</th><th>清洁卫生15%</th><th>实训报告10%</th><th>100%</th></tr>
<tr><td>自我评价</td><td></td><td></td><td></td><td></td><td></td><td></td><td></td><td></td><td>30%</td><td></td></tr>
<tr><td>小组评价</td><td></td><td></td><td></td><td></td><td></td><td></td><td></td><td></td><td>30%</td><td></td></tr>
<tr><td>老师评价</td><td></td><td></td><td></td><td></td><td></td><td></td><td></td><td></td><td>40%</td><td></td></tr>
<tr><td colspan="9">总　分</td><td>100%</td><td></td></tr>
</table>

项目 4

麻婆豆腐

项目目标

1. 搜集麻婆豆腐的历史文化及传承等信息，并能恰当选用合格的原料。
2. 掌握麻婆豆腐的烹调加工步骤、成品质量标准和安全操作注意事项。
3. 能依据“项目实施”做好各项准备，独立完成麻婆豆腐的生产制作。

******

项目分析

麻婆豆腐（见图 6-4-1）具有“色泽红亮，形态完整，麻、辣、烫、香、酥、嫩、鲜兼具”的特点，是四川十大经典名菜之一。为完成麻婆豆腐的生产制作，传承麻婆豆腐传统技艺，各学员不仅要做好相关准备，还应认真思考并回答完成此菜肴的生产制作所涉及的几个核心问题。

1. 查询资料，进一步了解此菜的风味特点。
2. 选料时对豆腐的种类有什么特别的要求？
3. 为达到勾芡效果需要怎样操作才恰当？
4. 调味方面上需要注意哪些？
5. 烹调过程中如何更好地去除豆腥味？

图 6-4-1　麻婆豆腐成品图

******

项目实施

一、主辅料及调味料准备

主辅料： 水豆腐 2 块约 750g（见图 6-4-2）；牛肉 40g，蒜苗 25g，生姜 10g，蒜粒 20g，水淀粉 25g（见图 6-4-3）。

调味料： 郫县豆瓣 40g，豆豉 5g，辣椒粉 5g，青花椒粒 1g，精盐 7g，料酒 5ml，酱油 10ml，红油 40ml，鲜汤 150ml（见图 6-4-4）。

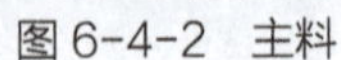
图6-4-2 主料

图6-4-3 辅料

图6-4-4 调味料

二、生产制作流程

刀工处理→豆腐焯水→制作椒粉→炒牛肉碎→熬制汤汁→烧豆腐→出锅装盘。

三、生产制作注意事项

（1）豆瓣酱、辣椒粉等需要炒香至油红亮，避免加热过度导致酱料产生煳味。

（2）勾二流芡，收汁亮油，达到成菜效果一般需要分 3 次勾芡。

（3）煮豆腐的时候，可以适当地加精盐后进行焯水，这样可以去除掉豆腐多余的水分，让口感更有弹性，豆腐还会带有一丝咸味。

（4）碎牛肉一定要煸炒至酥香，一颗颗、一粒粒，入口香酥。

四、依据步骤进行生产制作

步骤 1：豆腐切成 2.5cm 左右见方的丁（见图 6–4–5），牛肉切片后剁碎，蒜苗切成斜刀段，生姜和蒜粒分别剁成末（见图 6–4–6），放入盛器中备用。

图6-4-5 豆腐切丁成品

图6-4-6 刀工处理成品

步骤 2：锅中加水约 1L，放入精盐 5g，放入切好的豆腐丁（见图 6–4–7），加热至沸腾后继续煮约 5 分钟后捞出，放在凉水中透凉备用。

步骤 3：炒锅烧热后将青花椒放入锅中干炒，炒至焦香酥脆后盛出，放在砧板上用擀面杖来回碾压碎（见图 6–4–8）。炒锅烧热后放适量底油将牛肉碎煸炒至酥香时盛出备用。

步骤 4：炒锅烧热后放适量的底油，加入姜蒜末煸炒至香味浓郁后倒入郫县豆瓣、辣椒粉、花椒粉、豆豉炒香，然后加入鲜汤，用精盐、酱油、料酒等调味煮制约 5 分钟后用漏勺将锅中的料渣捞出（见图 6–4–9）。

步骤 5：放入豆腐烧沸后煮约 5 分钟，加入熟牛肉末、蒜苗推匀（见图 6-4-10），然后用水淀粉分 3 次勾芡，待淀粉糊化后淋入红油，收汁亮油时出锅，撒上花椒粉即成菜。

图 6-4-7　豆腐焯水

图 6-4-8　制作椒粉

图 6-4-9　捞出料渣

图 6-4-10　烧豆腐

综合评价

生产制作完成后，由你本人、你所在的小组其他成员和生产制作指导老师组成综合性评价小组，填写下列评价表。

评价项	评分项								比例	分值
	生产制作前		生产制作中			生产制作后		合计		
	资料查找 10%	项目分析 20%	原料准备 10%	生产规范 20%	成品质量 15%	清洁卫生 15%	实训报告 10%	100%		
自我评价									30%	
小组评价									30%	
老师评价									40%	
总　分									100%	

项目 5

宫保鸡丁

项目目标

1. 搜集宫保鸡丁的历史文化及传承等信息，并能恰当选用合格的原料。
2. 掌握宫保鸡丁的烹调加工步骤、成品质量标准和安全操作注意事项。
3. 能依据“项目实施”做好各项准备，独立完成宫保鸡丁的生产制作。

******

项目分析

宫保鸡丁（见图 6-5-1）具有“色泽棕红、质地滑嫩、咸鲜略带酸甜”的特点，是四川十大经典名菜之一，也是一道闻名中外的特色传统名菜。曾在鲁菜、川菜、黔菜中都有收录，在不同菜系中其原料、做法略有差别。为完成宫保鸡丁的生产制作，传承宫保鸡丁传统技艺，各学员不仅要做好相关准备，还应认真思考并回答完成此菜肴的生产制作所涉及的几个核心问题。

图 6-5-1　宫保鸡丁成品图

1. 制作此菜采用的烹饪技法是什么？
2. 传统宫保鸡丁选用的主料是什么部位的鸡肉？
3. 刀工处理时，各种主副原料的处理规格标准是什么？
4. 调味时“醋”和“糖”的比例在什么范围最佳？
5. 在烹调过程中花椒和干辣椒的火候应控制在什么范围？

******

项目实施

一、主辅料及调味料准备

主辅料：净鸡边腿 2 个约 420g（见图 6-5-2）；大葱 2 根约 200g，去皮酥花生仁 80g，姜片 6g，蒜片 15g，泡红椒 2 个（见图 6-5-3）。

调味料：豆瓣酱 15g，干辣椒节 10g，花椒 2g，精盐 3g，白糖 10g，味精 0.5g，料酒 5ml，酱油 5ml，香醋 6ml，鲜汤 30g，水淀粉 30g（见图 6-5-4）。

图 6-5-2　主料

图 6-5-3　辅料

图 6-5-4　调味料

二、生产制作流程

鸡腿去骨→刀工成型→鸡丁码味上浆→制作调味芡汁→鸡丁滑油→炒制→出锅装盘。

三、生产制作注意事项

（1）主料可以选用鸡胸肉或鸡腿肉，两者在质感上存在较大的差异，各有特点。

（2）精盐要适量，保证底味充足，同时注意白糖和醋的比例。

（3）干辣椒、花椒不耐高温，应恰当控制火力。

四、依据步骤进行生产制作

步骤 1：将鸡腿放在砧板上，用刀取出腿骨（见图 6-5-5），然后将腿肉修整成厚度适中的块后切成条，再切成 1.5cm 见方的丁；大葱切成 1.5cm 长的丁，泡红椒剁碎，豆瓣酱剁碎（见图 6-5-6）备用。

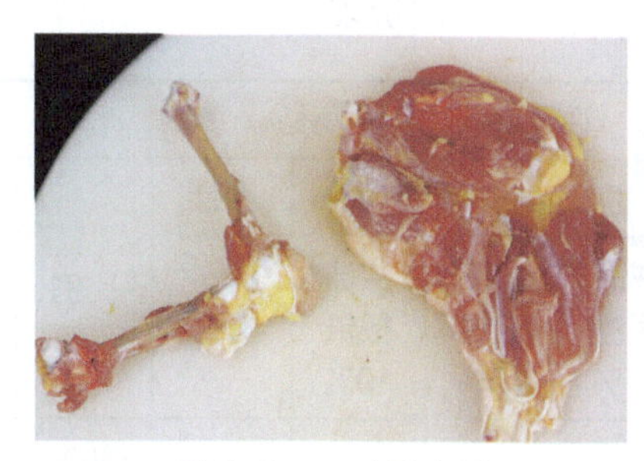

图 6-5-5　鸡腿去骨

图 6-5-6　刀工成型

步骤 2：将鸡丁放入盛器中，用精盐 2g、料酒 5ml、酱油 3ml，抓拌至鸡肉起胶，再用水淀粉 15 g 上浆抓拌均匀（见图 6-5-7），最后放入约 16ml 油拌匀备用。

步骤 3：取一个小碗，放入精盐、白糖、味精、料酒、酱油、香醋、鲜汤、水淀粉，搅拌均匀后即成调味芡汁（见图 6-5-8）。

步骤 4：锅烧热后放入约 1L 食用油，将油加热至四成热时倒入腌制好的鸡丁滑油，用手勺推动约 30 秒钟至鸡丁七成熟时倒入大葱丁滑油约 4 秒左右捞出（见图 6–5–9）。

步骤 5：炒锅加热后放适量油，放入干辣椒节、花椒、姜片、蒜片炒香，下入泡红椒末及豆瓣酱炒至油色红亮，下入鸡丁、葱丁快速翻炒约 15 秒左右，烹入调味芡汁大火炒匀，待淀粉糊化收汁亮油，放入去皮酥花生仁炒匀淋入少许明油，起锅装盘（见图 6–5–10）。

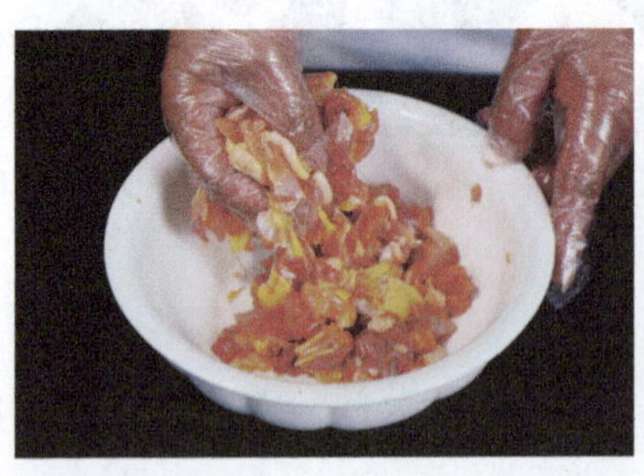

图 6–5–7　鸡丁码味上浆

图 6–5–8　调味芡汁

图 6–5–9　鸡丁、大葱滑油

图 6–5–10　起锅装盘

综合评价

生产制作完成后，由你本人、你所在的小组其他成员和生产制作指导老师组成综合性评价小组，填写下列评价表。

评价项	评分项								比例	分值
	生产制作前		生产制作中			生产制作后		合计		
	资料查找 10%	项目分析 20%	原料准备 10%	生产规范 20%	成品质量 15%	清洁卫生 15%	实训报告 10%	100%		
自我评价									30%	
小组评价									30%	
老师评价									40%	
总　分									100%	

项目 6

鱼香肉丝

项目目标

1. 搜集鱼香肉丝的历史文化及传承等信息，并能恰当选用合格的原料。
2. 掌握鱼香肉丝的烹调加工步骤、成品质量标准和安全操作注意事项。
3. 能依据“项目实施”做好各项准备，独立完成鱼香肉丝的生产制作。

* * * * * *

项目分析

鱼香肉丝（见图 6–6–1）具有“色泽红亮、质地细嫩、咸鲜微辣、酸甜适口、姜葱蒜味浓郁”的特点，是四川十大经典名菜之一。为完成鱼香肉丝的生产制作，传承鱼香肉丝传统技艺，各学员不仅要做好相关准备，还应认真思考并回答完成此菜肴的生产制作所涉及的几个核心问题。

1. 查询资料，了解此菜的历史文化及风味特点。
2. 制作此菜一般应经过哪些工艺流程？
3. 刀工处理时，主辅料的规格标准是什么？
4. 调味时对各种调味料选用的要求是什么？

图 6–6–1　鱼香肉丝成品图

* * * * * *

项目实施

一、主辅料及调味料准备

主辅料：猪里脊肉 200g（见图 6–6–2）；去皮莴笋 60g，水发木耳 50g，胡萝卜 50g，香葱 20g，泡红椒 2 根，蒜、姜各 10g（见图 6–6–3）。

调味料：精盐 4g，白糖 15g，陈醋 10ml，生抽 6ml，鲜汤 30ml，鸡精、味精各 1g，红油 30ml，干淀粉 5g（见图 6–6–4）。

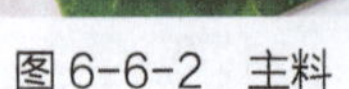
图 6-6-2　主料

图 6-6-3　辅料

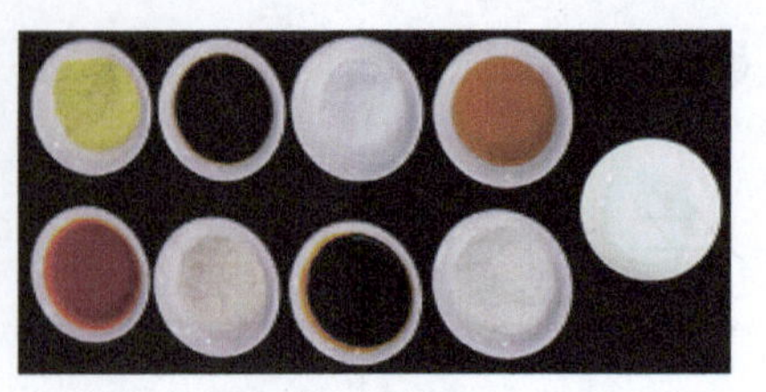
图 6-6-4　调味料

二、生产制作流程

刀工处理→码味上浆→兑调芡汁→蔬菜焯水→肉丝滑油→炒制调味→出锅装盘。

三、生产制作注意事项

（1）制作此菜的肉宜选用里脊肉、梅头肉等。

（2）控制各种调味品的使用量及鲜汤、干淀粉的比例。

（3）控制炒制时的火力和烹调时间，以保证肉丝滑嫩的质感。

（4）炒制泡红椒时需要炒香，且油色红亮为佳。

四、依据步骤进行生产制作

步骤 1：将猪里脊肉清洗干净后切二粗丝（见图 6–6–5），去皮莴笋、水发木耳、胡萝卜等蔬菜也切成粗细均匀的二粗丝，香葱切成葱花，大蒜、生姜分别剁成末，泡红椒切碎后剁成末（见图 6–6–6）。

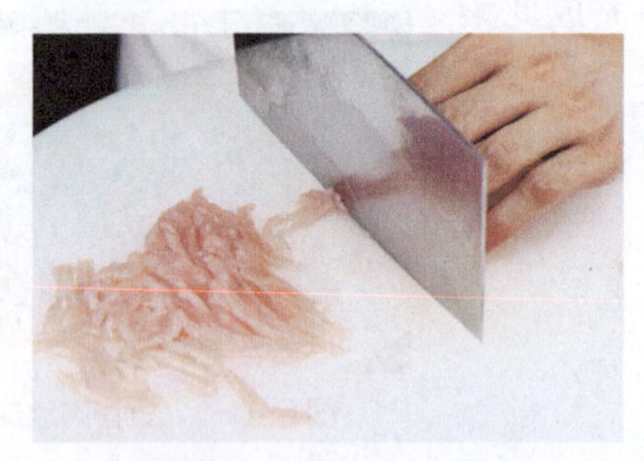
图 6-6-5　里脊肉切二粗丝

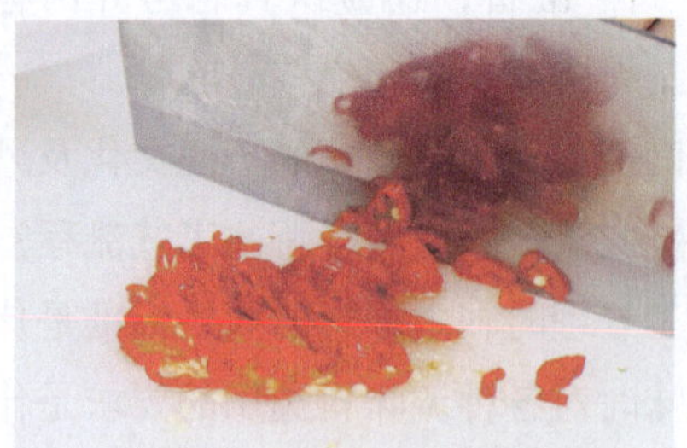
图 6-6-6　泡红椒切碎

步骤 2：莴笋丝用精盐 1g 码味；猪里脊肉用精盐 1.5g、胡椒粉、酱油 2ml、料酒及少量的清水，抓拌至肉丝起胶后放入水淀粉 20g 上浆，再加入适量的油抓匀备用（见图 6–6–7）。

步骤 3：准备小碗 1 个，放入精盐、白糖、味精、酱油、香醋、鲜汤、水淀粉等调味料搅拌均匀，兑成调味芡汁（见图 6–6–8）。

步骤 4：锅烧热水，加入少许油，水沸腾后将莴笋丝、木耳丝、胡萝卜丝入锅中焯水至熟捞出备用；锅下油 2L 左右，油烧至四成热时，把肉丝滑散至刚熟捞出（见图 6–6–9）。

步骤 5：炒锅烧热后倒入 20ml 食用油，放入泡辣椒末炒香且油色红亮，再放入姜末、蒜末炒出香味，然后放入经初步熟处理的肉丝及莴笋丝、木耳丝、胡萝卜丝，倒入调味芡汁后快速翻炒（见图 6-6-10），收汁亮油后加入葱花稍微翻炒后出锅装盘即成。

图 6-6-7　肉丝码味上浆

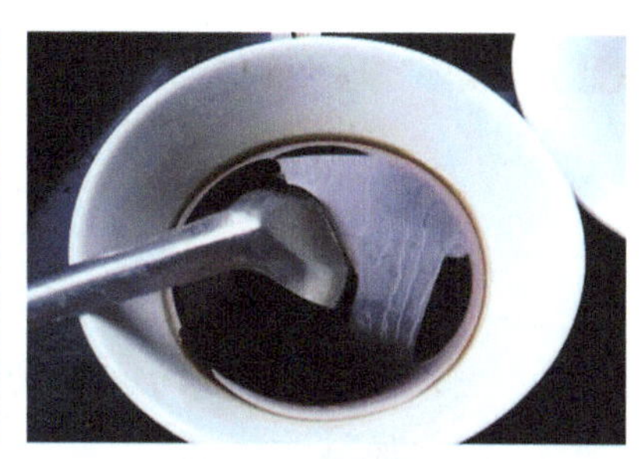

图 6-6-8　兑调味芡汁

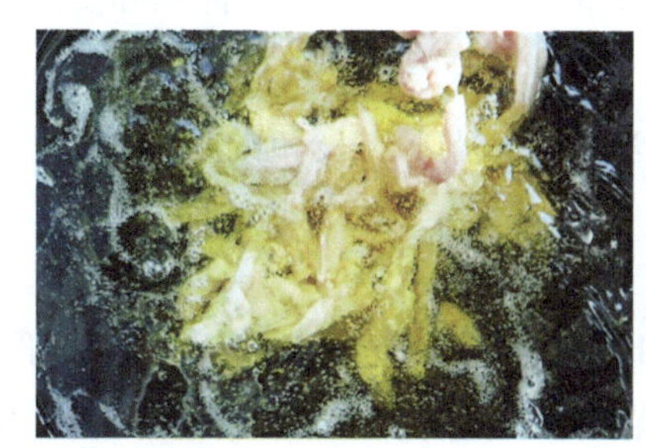

图 6-6-9　肉丝滑油

图 6-6-10　调味炒制

综合评价

生产制作完成后，由你本人、你所在的小组其他成员和生产制作指导老师组成综合性评价小组，填写下列评价表。

<table>
<tr><th rowspan="3">评价项</th><th colspan="8">评分项</th><th rowspan="3">比例</th><th rowspan="3">分值</th></tr>
<tr><th colspan="2">生产制作前</th><th colspan="3">生产制作中</th><th colspan="2">生产制作后</th><th>合计</th></tr>
<tr><th>资料查找 10%</th><th>项目分析 20%</th><th>原料准备 10%</th><th>生产规范 20%</th><th>成品质量 15%</th><th>清洁卫生 15%</th><th>实训报告 10%</th><th>100%</th></tr>
<tr><td>自我评价</td><td></td><td></td><td></td><td></td><td></td><td></td><td></td><td></td><td>30%</td><td></td></tr>
<tr><td>小组评价</td><td></td><td></td><td></td><td></td><td></td><td></td><td></td><td></td><td>30%</td><td></td></tr>
<tr><td>老师评价</td><td></td><td></td><td></td><td></td><td></td><td></td><td></td><td></td><td>40%</td><td></td></tr>
<tr><td colspan="9">总　分</td><td>100%</td><td></td></tr>
</table>

项目 7

苗家酸汤鱼

项目目标

1. 搜集苗家酸汤鱼的历史文化及传承等信息，并能恰当选用合格的原料。
2. 掌握苗家酸汤鱼的烹调加工步骤、成品质量标准和安全操作注意事项。
3. 能依据“项目实施”做好各项准备，独立完成苗家酸汤鱼的生产制作。

******

项目分析

苗家酸汤鱼（见图 6-7-1）具有“鱼肉鲜嫩、汤汁酸香、食后开胃”的特点，是贵州十大经典名菜之一。此菜是苗族人民在长期的生活中总结出来的一道佳肴，现已延伸到酸汤鸡、酸汤鸭等。酸味菜肴近年来走出苗岭深山，在许多大中城市成为一道独特的饮食风景线，并已越来越受到人们的欢迎。在酸味菜肴中，尤以酸汤鱼这道菜最为有名。为完成苗家酸汤鱼的生产制作，传承苗家酸汤鱼传统技艺，各学员不仅要做好相关准备，还应认真思考并回答完成此菜肴的生产制作所涉及的几个核心问题。

图 6-7-1　苗家酸汤鱼成品图

1. 查询资料，了解“酸汤”的制作工艺。
2. 制作此菜，对主料的选用有什么特别的要求？
3. 刀工处理时，鱼肉的成型标准是什么？
4. 煮制时如何控制火候？

******

项目实施

一、主辅料及调味料准备

主辅料：草鱼 1 条约 1500g（见图 6-7-2）；鲜桃菜 2 段约 350g，西红柿 1 个约 180g，手指青椒约 150g，黄豆芽 200g，鱼香菜 40g，香葱 30g（见图 6-7-3）。

调味料：红酸汤 1000ml，白酸汤 1000ml，糟辣椒 50g，精盐 12g，味精 5g，胡椒粉 4g，木姜子 5g，花椒 5g，姜末 20g，蒜末 20g，鱼香菜末 25g，香葱末 25g，鱼腥草末 30g（见图 6-7-4）。

图 6-7-2 主料

图 6-7-3 辅料

图 6-7-4 调味料

二、生产制作流程

刀工处理→兑调味汁→焯水→煸炒→焖制→调味→出锅装盘。

三、生产制作注意事项

（1）红酸汤选用当地“毛辣椒”，经洗净、晾干水分、加精盐和米酒发酵 15~20 天便成。白酸汤是将淘米水烧开放凉后加入白醋、野葱、木姜籽，发酵 2~3 天便成。

（2）蘸料是制作酸汤鱼的点睛之笔，味道最终是否合适，重点看蘸料是否做得成功。

四、依据步骤进行生产制作

步骤 1：将草鱼宰杀后放入清水中清洗干净，然后放在干净的砧板上从背部改刀，每隔 3cm 切一段，保持每块鱼肉相连（见图 6-7-5），将鱼头用刀劈开（见图 6-7-6）。

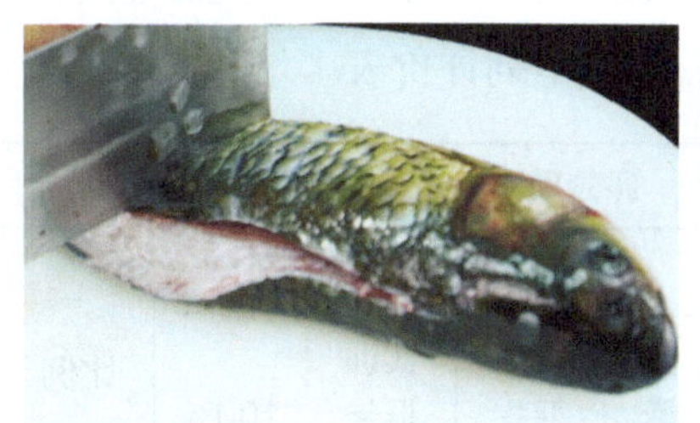
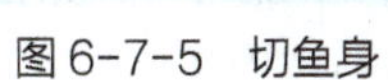
图 6-7-5 切鱼身

图 6-7-6 劈开鱼头

步骤 2：将桄菜撕去表皮，然后切成斜刀段，木姜子剁碎，手指青椒拍裂后切成 3cm 左右的段，番茄切成 3cm 见方的块（见图 6-7-7）。

步骤 3：锅烧热后放入底油，加入姜末、蒜末、花椒煸炒至香味浓郁后放入糟辣椒继续炒制，加入红酸汤煮制，待闻到浓郁的酸香味后放入白酸汤，然后放入切好的草鱼（见图 6-7-8）。

图 6-7-7　刀工成品

图 6-7-8　鱼肉入锅

步骤 4：采用中火加热煮制，待汤汁沸腾后放入番茄块、桄菜块、美人椒段和木姜子碎继续煮制约 5 分钟，煮制过程不断撇去汤面的浮沫，然后用精盐、味精、胡椒粉等调味，最后放入鱼香菜、香葱（见图 6–7–9）。

步骤 5：取调味碗，放入姜末、蒜末、鱼香菜末、香葱末、鱼腥草末、精盐，再加入煮鱼原汤搅拌均匀即成蘸料（见图 6–7–10），随煮好鱼一起上桌，由食客自行蘸食即可。

图 6-7-9　放入香味蔬菜

图 6-7-10　调制蘸料

综合评价

生产制作完成后，由你本人、你所在的小组其他成员和生产制作指导老师组成综合性评价小组，填写下列评价表。

评价项	评分项								比例	分值
	生产制作前		生产制作中			生产制作后		合计		
	资料查找 10%	项目分析 20%	原料准备 10%	生产规范 20%	成品质量 15%	清洁卫生 15%	实训报告 10%	100%		
自我评价									30%	
小组评价									30%	
老师评价									40%	
总　分									100%	

项目 8

贵州辣子鸡

项目目标

1. 搜集贵州辣子鸡的历史文化及传承等信息，并能恰当选用合格的原料。
2. 掌握贵州辣子鸡的烹调加工步骤、成品质量标准和安全操作注意事项。
3. 能依据“项目实施”做好各项准备，独立完成贵州辣子鸡的生产制作。

* * * * * *

项目分析

贵州辣子鸡（见图 6-8-1）具有“菜色鲜红、肉嫩离骨、皮糯鲜香、油而不腻、辣香爽口”的特点，是贵州十大经典名菜之一。在当地人的家里，辣子鸡是家常菜，每家都做，但味道略有不同。百年来，辣子鸡是贵阳人独特的味觉记忆。如今，辣子鸡除了存在于每家每户的饭桌上，也成了贵州人的伴手礼，成为带得走的贵州味道。为完成贵州辣子鸡的生产制作，传承贵州辣子鸡传统技艺，各学员不仅要做好相关准备，还应认真思考并回答完成此菜肴的生产制作所涉及的几个核心问题。

1. 查询资料，进一步了解此菜的风味特点。
2. 如何制作糍粑辣椒？
3. 制作此菜的工艺流程有哪些？
4. 炒制过程中应如何控制火候？

图 6-8-1　贵州辣子鸡成品图

* * * * * *

项目实施

一、主辅料及调味料准备

主辅料：光土鸡 1 只约 1500g（见图 6-8-2）；青蒜 3 根约 120g，生姜 50g，香葱 30g，蒜粒 50g（见图 6-8-3）。

调味料：花溪干辣椒 100g，遵义干辣椒 50g，花椒 10g，生抽 15ml，鸡粉 10g，白糖 12g，精盐 10g，胡椒粉 2g，料酒 20ml，菜籽油 120ml（见图 6-8-4）。

图 6-8-2　主料

图 6-8-3　辅料

图 6-8-4　调味料

二、生产制作流程

刀工处理→腌制鸡肉→制作糍粑辣椒→炸鸡块→焖制→调味→出锅装盘。

三、生产制作注意事项

（1）制作糍粑辣椒时可以使用传统的石舂进行加工。

（2）选料要正宗，下料足够才能凸显此菜的风味特点。

四、依据步骤进行生产制作

步骤 1：将土鸡对半剖开，剁下鸡腚尖，取出鸡肺和鸡脖子与身体相连处的淋巴，然后将鸡肉剁成 3cm 见方的块。青蒜切成斜刀段，50g 蒜粒拍裂，生姜切成厚片（见图 6-8-5）。

步骤 2：将剁好的鸡块放入大盆中，放入精盐、胡椒粉、姜片、香葱、花椒粒和料酒等，抓拌均匀（见图 6-8-6），腌制约 20 分钟后捡出姜片、香葱。

图 6-8-5　姜片成品

图 6-8-6　腌制鸡块

步骤 3：锅中加入清水约 500ml，放入花溪干辣椒和遵义干辣椒煮制约 10 分钟后捞出，自然放凉后切成 2cm 左右的段，放入料理机中与蒜粒和姜片搅打成糍粑辣椒（见图 6-8-7）。

步骤 4：锅烧热后放入 1L 食用油，加热至六成热后放入腌制好的鸡块炸制，炸制约 10 分钟，待油由浑浊变成清澈状态后捞出鸡块备用（见图 6-8-8）。

步骤 5：另起锅烧热后放入菜籽油，烧至五成热后放入制作好的糍粑辣椒，炒至油色红亮后放入鸡块翻炒均匀（见图 6-8-9）。

步骤 6：然后往锅中放入齐平鸡肉的清水，加入生抽、鸡粉、精盐和白糖，盖上锅盖小火焖制约 30 分钟，待汤汁浓稠后放入青蒜段翻炒均匀即可出锅（见图 6-8-10）。

图 6-8-7　糍粑辣椒成品

图 6-8-8　炸制鸡块成品

图 6-8-9　炒制鸡块

图 6-8-10　出锅装盘

综合评价

生产制作完成后，由你本人、你所在的小组其他成员和生产制作指导老师组成综合性评价小组，填写下列评价表。

评价项	评分项								比例	分值
	生产制作前		生产制作中			生产制作后		合计		
	资料查找 10%	项目分析 20%	原料准备 10%	生产规范 20%	成品质量 15%	清洁卫生 15%	实训报告 10%	100%		
自我评价									30%	
小组评价									30%	
老师评价									40%	
总　分									100%	

项目 9

汽锅鸡

项目目标

1. 搜集汽锅鸡的历史文化及传承等信息，并能恰当选用合格的原料。
2. 掌握汽锅鸡的烹调加工步骤、成品质量标准和安全操作注意事项。
3. 能依据“项目实施”做好各项准备，独立完成汽锅鸡的生产制作。

******

项目分析

汽锅鸡（见图 6-9-1）具有“汤上层色金黄、下层色如清水，口味咸鲜可口，粑而不烂，香飘扑鼻”的特点，是云南十大经典名菜之一。为完成汽锅鸡的生产制作，传承汽锅鸡传统技艺，各学员不仅要做好相关准备，还应认真思考并回答完成此菜肴的生产制作所涉及的几个核心问题。

图 6-9-1　汽锅鸡成品图

1. 制作汽锅鸡的最佳锅具用什么材料制作？
2. 主辅料选料上有什么特别的要求？
3. 刀工处理时，主辅料的规格标准是什么？
4. 蒸制过程中应如何控制火候？

******

项目实施

一、主辅料及调味料准备

主辅料：土鸡半只约 750g（见图 6-9-2）；水发冬菇 100g，云腿 30g，冬笋 3g，大葱 40g，干虫草花 15g，干玉竹片 20g，竹荪 30g，老姜 10g，枸杞 10g（见图 6-9-3）。

调味料：胡椒碎 2g，精盐 4g，白糖 2g，绍酒 5g（见图 6-9-4）。

图 6-9-2 主料

图 6-9-3 辅料

图 6-9-4 调味料

二、生产制作流程

清洗土鸡→刀工处理→主辅料放进汽锅→放入调料→准备蒸锅→蒸制→原锅上桌。

三、生产制作注意事项

（1）搭配的食材和调料不要有刺激性太大的味道，切忌加入本身有苦味等味道的药材，否则会产生汤药的味道。

（2）鸡应选用自然放养 3 年以上的母鸡为佳。

（3）汽锅内切不可放水，所有的汤水都来自蒸馏过程。

四、依据步骤进行生产制作

步骤 1：将土鸡清洗干净，再将表面的水分用干净的毛巾吸干，然后砍成 3cm 见方的块（见图 6–9–5）；水发冬菇切片，云腿切厚片，冬笋切厚片，大葱切段，干虫草花洗净，干玉竹洗净切段，竹荪泡软后切段，老姜切片（见图 6–9–6）。

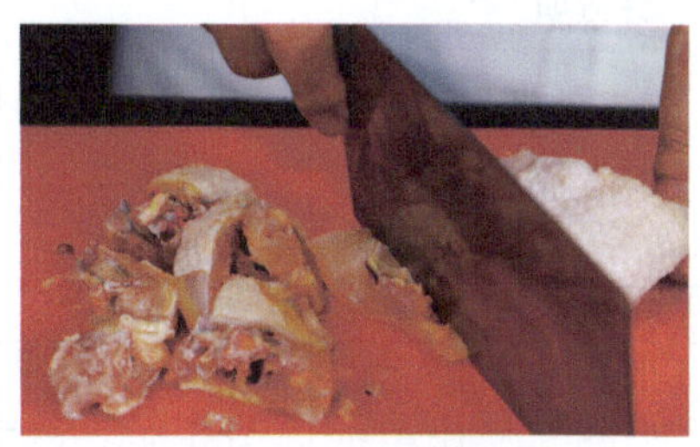
图 6-9-5 鸡肉剁块

图 6-9-6 辅料刀工成品

步骤 2：将砍好的鸡肉块放入干净的汽锅中，然后放入云腿片、水发冬菇片、冬笋片、大葱段、干虫草花、干玉竹段、老姜片等辅料（见图 6–9–7）。

步骤 3：装好主辅料后放入绍酒、胡椒碎、白糖等调味料调味（见图 6–9–8）。

步骤 4：准备一个比汽锅略小的汤锅，加入能够连续沸腾约 3 小时的水量，然后放在炉灶上大火烧至沸腾后改用中火继续加热，在锅的边缘用密封圈垫好（见图 6–9–9），以防止蒸汽外泄。

步骤 5：将装好主辅料及调味料的汽锅放在汤锅上，检查其密封程度，确保周围不泄露蒸汽，持续蒸制约 3 小时，加入竹荪、枸杞、精盐继续蒸约 20 分钟，至汽锅中蓄积适量的液化汤汁（见图 6-9-10），趁热上桌即可。

图 6-9-7　主辅料放进汽锅

图 6-9-8　放入调味料

图 6-9-9　准备汤锅

图 6-9-10　蒸制

综合评价

生产制作完成后，由你本人、你所在的小组其他成员和生产制作指导老师组成综合性评价小组，填写下列评价表。

评价项	评分项								比例	分值
	生产制作前		生产制作中			生产制作后		合计		
	资料查找10%	项目分析20%	原料准备10%	生产规范20%	成品质量15%	清洁卫生15%	实训报告10%	100%		
自我评价									30%	
小组评价									30%	
老师评价									40%	
总　分									100%	

项目 10

宣威小炒肉

项目目标

1. 搜集宣威小炒肉的历史文化及传承等信息，并能恰当选用合格的原料。
2. 掌握宣威小炒肉的烹调加工步骤、成品质量标准和安全操作注意事项。
3. 能依据“项目实施”做好各项准备，独立完成宣威小炒肉的生产制作。

* * * * * *

项目分析

宣威小炒肉（见图 6–10–1）具有“蒜苗碧绿，油色金黄，入口鲜、香、嫩而不油腻”的特点，是云南十大经典名菜之一。为完成宣威小炒肉的生产制作，传承宣威小炒肉传统技艺，各学员不仅要做好相关准备，还应认真思考并回答完成此菜肴的生产制作所涉及的几个核心问题。

1. 查询资料，进一步了解此菜的风味特点。
2. 主料选用有什么特别的要求？
3. 刀工处理时，主辅料的成型规格标准是什么？
4. 调味方面上需要注意哪些？
5. 此菜宜采用什么样的器皿盛装？

图 6-10-1　宣威小炒肉成品图

* * * * * *

项目实施

一、主辅料及调味料准备

主辅料：猪后腿肉 400g（见图 6–10–2）；丘北辣椒 20g，生姜 15g，蒜苗 350g，生粉 20g（见图 6–10–3）。

调味料：花椒粒 5g，白糖 2g，鸡粉 3g，胡椒粉 1g，生抽 15ml，老抽 3ml，精盐 2g（见图 6–10–4）。

图6-10-2　主料

图6-10-3　辅料

图6-10-4　调味料

二、生产制作流程

刀工处理→兑汁腌肉→调制碗芡→炒制调味→出锅装盘。

三、生产制作注意事项

（1）选肉也有讲究，后腿肉比前腿肉好，里脊肉不适合做小炒，要肥瘦均有。

（2）鸡精和味精可以根据消费者的需要酌情添加。

（3）配料最好选用云南丘北的干辣椒，永善的干花椒粒，宣威阿都本地小黄姜最佳。

（4）制作此菜时候速度要快，这样才能保持肉感鲜嫩。

四、依据步骤进行生产制作

步骤1：把猪后腿肉的肥肉和瘦肉分开，分别切成0.2cm左右厚度的片（见图6-10-5），丘北辣椒切成段（见图6-10-6），生姜切片，蒜苗茎和叶子分别切成3cm长度的段后分别放置备用。

图6-10-5　切制肉片

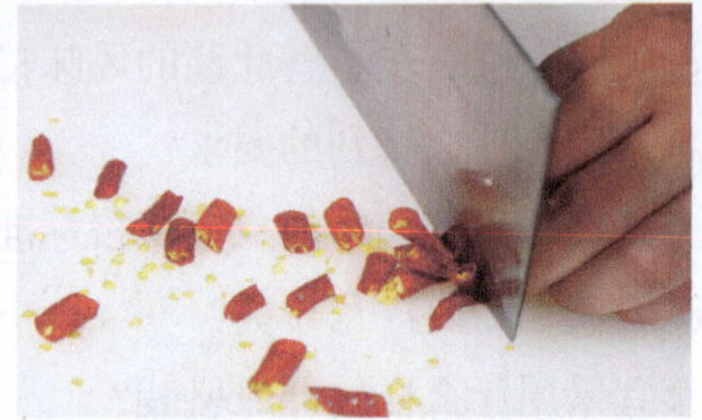
图6-10-6　丘北辣椒切段

步骤2：准备一个小碗，加入精盐1g、生抽8ml、水10ml、生粉12g，搅拌均匀后倒入装瘦肉片的盛器中，不断抓拌均匀，直到肉片把汁水吸干起胶（见图6-10-7），然后加入约5ml食用油，抓拌均匀备用。

步骤3：准备小碗一个，加入老抽3ml、生抽7ml、精盐1g、白糖2g、鸡粉3g、胡椒粉1g、生粉4g、水5ml，搅拌均匀后成小炒肉汁水（见图6-10-8）。

步骤4：锅烧热后用冷油滑锅，锅留少许底油，放入肥肉炒至微卷（见图6-10-9），放入辣椒段、花椒粒、姜片等轻微炒至变色，然后倒入蒜苗茎段稍炒，倒入腌制好的肉片炒至肉片熟透后倒入小炒肉汁水翻炒均匀，再倒入蒜苗叶翻炒至蒜苗叶熟透出锅装盘（见图 6–10–10），趁热上桌即可。

图 6-10-7　兑汁腌肉

图 6-10-8　调制碗芡

图 6-10-9　煸炒肥肉

图 6-10-10　出锅装盘

生产制作完成后，由你本人、你所在的小组其他成员和生产制作指导老师组成综合性评价小组，填写下列评价表。

评价项	评分项								比例	分值
	生产制作前		生产制作中			生产制作后		合计		
	资料查找 10%	项目分析 20%	原料准备 10%	生产规范 20%	成品质量 15%	清洁卫生 15%	实训报告 10%	100%		
自我评价									30%	
小组评价									30%	
老师评价									40%	
总　分									100%	

项目 11

炸灌肺

项目目标

1. 搜集炸灌肺的历史文化及传承等信息，并能恰当选用合格的原料。
2. 掌握炸灌肺的烹调加工步骤、成品质量标准和安全操作注意事项。
3. 能依据“项目实施”做好各项准备，独立完成炸灌肺的生产制作。

* * * * * *

项目分析

炸灌肺（见图 6-11-1）具有“色泽淡褐、外酥脆里软、味道香美”的特点，是西藏著名的特色名菜之一。它主要的食材是羊肺、酥油以及青稞粉，将酥油和青稞粉调成糊灌入羊肺之中，先煮熟，放凉后切片，再经过油炸、炒制而成。为完成炸灌肺的生产制作，传承炸灌肺传统技艺，各学员不仅要做好相关准备，还应认真思考并回答完成此菜肴的生产制作所涉及的几个核心问题。

1. 优质的羊肺具有什么品质特征？
2. 如何清洗羊肺才能去除羊肺中的污物？
3. 如何将面糊灌入羊肺？
4. 使用什么火力才能使成品达到“外酥脆里软”的质量标准？

图 6-11-1　炸灌肺成品图

* * * * * *

项目实施

一、主辅料及调味料准备

主辅料：新鲜羊肺 1 个（见图 6-11-2）；糌粑面 300g，鸡蛋 3 个，青椒片 50g，红椒片 40g，香菜段 30g，熟芝麻 15g，姜片 10g，蒜片 10g，干辣椒节 15g（见图 6-11-3）。

调味料：精盐 6g，藏葱碎 12g，酥油 100g，孜然粉 8g（见图 6-11-4）。

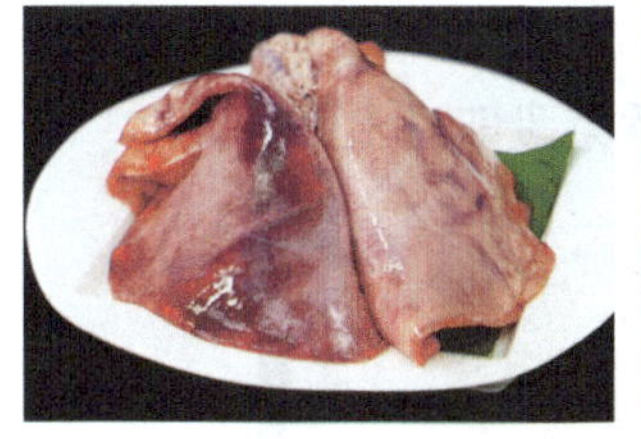
图 6-11-2　主料

图 6-11-3　辅料

图 6-11-4　调味料

二、生产制作流程

刀工处理→兑调味汁→焯水→煸炒→焖制→调味→出锅装盘。

三、生产制作注意事项

（1）采购时，需要挑选整条气管完整、肺体无破损的羊肺。

（2）羊肺需要用清水反复灌洗，直至肺体呈乳白色，之后尽可能控净肺体中的水分。

（3）煮好的羊肺可以切片后直接炸制，也可以挂糊或拍面包糠炸，炸制后可直接食用，也可搭配配菜炒后食用。

四、依据步骤进行生产制作

步骤 1：用手抓住羊肺的主气管，套在水龙头上，将水灌入肺内（见图 6-11-5），待肺叶充水胀大、血污外溢时，将气管脱离水龙头，然后平放在空盆内，用双手轻轻拍打肺叶，使血污从气管流出。按此方法重复 15 次左右，至羊肺变成乳白色（见图 6-11-6）。

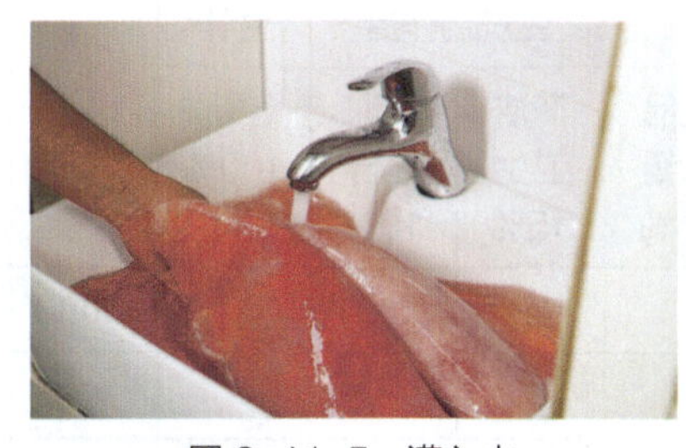
图 6-11-5　灌入水

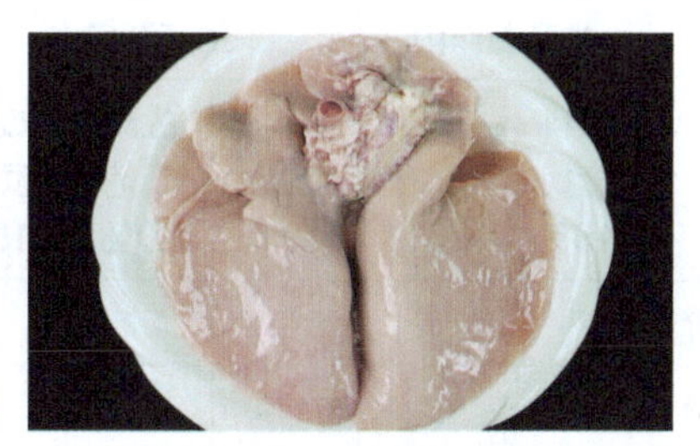
图 6-11-6　洗净成品

步骤 2：将糌粑面放进汤盆中，加入精盐、鸡蛋液、藏葱碎和酥油，加入 50℃的温水，然后搅拌成稀糊状（见图 6-11-7）。

步骤 3：将调好的面糊倒入裱花袋中，然后将裱花嘴插入羊肺的主气管，将袋子中的面糊挤入羊肺中（见图 6-11-8），待羊肺膨胀发硬时用绳子将气管口捆扎紧。

步骤 4：锅中加入清水，放入灌好的羊肺，煮至熟透时捞出，自然放凉后切成 0.6cm 厚的片（见图 6-11-9），将羊肺片放入油锅炸至外酥时捞出备用。

步骤 5：锅中留底油，将料头炒香后放入青椒片和红椒片稍炒，放入炸好的羊肺，用精盐、孜然粉、芝麻调味（见图 6-11-10），炒匀后撒上香菜段即可出锅成菜。

图 6-11-7　调制面糊

图 6-11-8　灌入羊肺

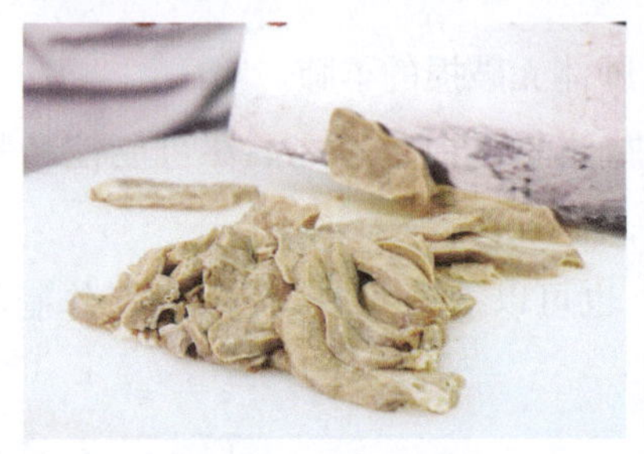

图 6-11-9　切制羊肺

图 6-11-10　调味炒制

综合评价

生产制作完成后，由你本人、你所在的小组其他成员和生产制作指导老师组成综合性评价小组，填写下列评价表。

评价项	评分项								比例	分值
	生产制作前		生产制作中			生产制作后		合计		
	资料查找 10%	项目分析 20%	原料准备 10%	生产规范 20%	成品质量 15%	清洁卫生 15%	实训报告 10%	100%		
自我评价									30%	
小组评价									30%	
老师评价									40%	
总　分									100%	

项目 12

酸萝卜炒牛肉丝

项目目标

1. 搜集酸萝卜炒牛肉丝的历史文化及传承等信息，并能恰当选用合格的原料。
2. 掌握酸萝卜炒牛肉丝的烹调加工步骤、成品质量标准和安全操作注意事项。
3. 能依据“项目实施”做好各项准备，独立完成酸萝卜炒牛肉丝的生产制作。

******

项目分析

酸萝卜炒牛肉丝（见图 6–12–1）具有“开胃爽口、鲜香嫩滑、酸香扑鼻”的特点，是西藏十大经典名菜之一。此菜最特别之处就是“酸萝卜”，运用当地白萝卜放在泥罐中腌渍 4~5 天而成，在腌汁中放入了藏红花、野菊花和带颜色的香料；爽脆的酸萝卜配上鲜嫩的牛肉一起炒，再用柔软的馕饼卷一卷食用，口感层次非常丰富，咸香爽口还解腻。为完成酸萝卜炒牛肉丝的生产制作，传承酸萝卜炒牛肉丝传统技艺，各学员不仅要做好相关准备，还应认真思考并回答完成此菜肴的生产制作所涉及的几个核心问题。

1. 制作此菜的酸萝卜具有什么风味特点？
2. 制作此菜的基本操作流程有哪些？
3. 刀工处理时，牛肉的最佳切制方式是什么？
4. 食用此菜时最佳的搭配食物是什么？

图 6–12–1　酸萝卜炒牛肉丝成品图

******

项目实施

一、主辅料及调味料准备

主辅料：牦牛肉 300g，西藏酸萝卜丝 300g（见图 6–12–2）；香菜 20g，老姜 12g，蒜粒 3 个，干辣椒 10g，大葱 80g，鸡蛋清 1 个约 30g，水淀粉 40g（见图 6–12–3）。

调味料：精盐 5g，鸡精 4g，生抽 6ml，白糖 4g，料酒 6ml，孜然粉 2g（见图 6–12–4）。

图 6-12-2　主料

图 6-12-3　辅料

图 6-12-4　调味料

二、生产制作流程

刀工处理→腌制→滑油→炒制→调味→出锅装盘。

三、生产制作注意事项

（1）选料方面，所用牛肉应以西藏地区所产的新鲜牦牛肉为佳，酸萝卜丝应选用西藏当地运用藏红花、野菊花和带颜色的香料腌制的酸萝卜为上品。

（2）为保持牛肉的鲜嫩口感，在刀工、腌制、滑油、炒制等环节均应按照标准操作。

（3）藏餐的主食多为面食，所以吃这道菜时搭配青稞薄饼卷起来食用风味更佳。

四、依据步骤进行生产制作

步骤 1：将牦牛肉清洗干净后顶刀切成 0.4cm 厚的片，再码放整齐，切成 0.4cm 粗的丝（见图 6–12–5）；大葱切成 0.5cm 厚的斜刀片后抖散，干辣椒切成 2cm 长的段，老姜和蒜粒分别切成指甲片，香菜切成 3cm 长的段（见图 6–12–6）。

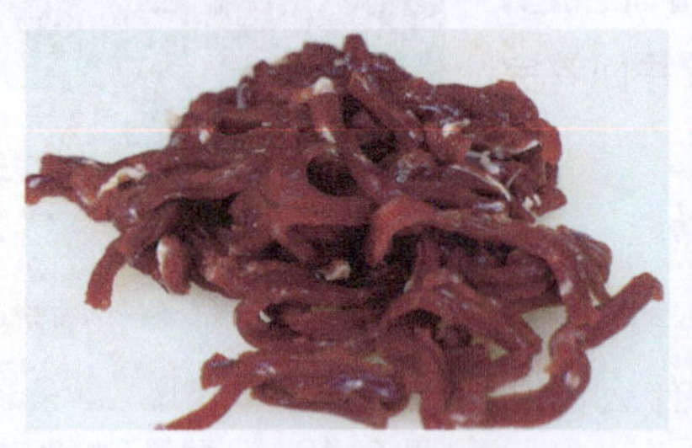

图 6-12-5　牛肉丝成品

图 6-12-6　辅料刀工成品

步骤 2：将切好的牦牛肉丝放入小钢盆中，加入精盐、生抽、白糖、料酒、鸡蛋清、水淀粉等抓拌均匀，然后放入 20ml 食用油封面腌制约 15 分钟（见图 6–12–7）。

步骤 3：锅内放入约 1L 食用油，烧至五成热后放入牛肉丝，轻轻推动牛肉丝，待牛肉丝滑散变色后放入酸萝卜丝，用手勺推动，待牛肉丝六成熟时倒入漏勺中控净油（见图 6–12–8）。

步骤 4：炒锅中加入底油，放入姜片、蒜片、干辣椒段等稍煸炒，然后放入葱片翻炒，待香味浓郁后放入滑过油的酸萝卜和牛肉丝爆炒（见图 6–12–9）。

步骤 5：爆炒约 10 秒钟后用精盐、鸡精、生抽、孜然粉调味，翻炒均匀后加入水淀粉勾芡，撒入香菜段，淋入少许包尾油翻炒均匀出锅装入盛菜碟中（见图 6–12–10）。

图 6-12-7　腌制牛肉丝

图 6-12-8　控油

图 6-12-9　调味炒制

图 6-12-10　出锅装盘

综合评价

生产制作完成后，由你本人、你所在的小组其他成员和生产制作指导老师组成综合性评价小组，填写下列评价表。

评价项	评分项								比例	分值
	生产制作前		生产制作中			生产制作后		合计		
	资料查找 10%	项目分析 20%	原料准备 10%	生产规范 20%	成品质量 15%	清洁卫生 15%	实训报告 10%	100%		
自我评价									30%	
小组评价									30%	
老师评价									40%	
总　分									100%	

模块测试

一、简答题

1. 简要回答四川风味菜的组成及各区域的特点。
2. 简要回答重庆十大经典风味名菜有哪些。
3. 简要回答制作汽锅鸡的注意事项。
4. 简要回答制作灌羊肺需要的主辅料和调味料的名称与数量。
5. 简要回答制作汽锅鸡的工艺流程。

二、实训题

1. 自行组建每组5人的调研团队，通过多渠道查询当地是否有销售西南地区菜肴的餐厅，实地调研此家餐厅销售的西南地区菜肴的名称、售价、销量等，然后完成调研报告，制作成PPT在班级活动中展示交流。

2. 根据“贵州辣子鸡”的原料配备、生产制作流程、制作注意事项、制作步骤等设计一款运用土鸡制作的中式热菜，并依据设计出的菜谱，采购原料，然后到实训室中将其制作出来，制作好后请计算其成本，并进行定价。

3. 请自行选择一道西南地区代表性名菜进行制作，将制作过程进行全程拍摄，运用多媒体技术剪辑成不超过1分钟的短视频，放在自媒体平台进行推广，统计在24小时内获赞情况，在班级活动中进行分享展示。

测试试题

模块 7
西北地区风味代表名菜

学习目标

知识目标

- 了解西北地区风味代表名菜概况。
- 熟悉西北地区风味代表名菜的质量标准及传承情况。
- 掌握西北地区风味代表名菜生产制作流程及注意事项。
- 掌握西北地区风味代表名菜原料选用与调味料构成及生产制作步骤。

能力目标

- 轮值小组长能根据小组成员的综合能力进行分工，并监督实施；各小组成员能够按照分工，相互配合完成实训工作。
- 能较好地运用鲜活原料初加工技术、刀工技术，依据项目实施相关要求做好西北地区风味代表名菜制作的准备工作。
- 能够制作西北地区风味代表名菜，且工艺流程、制作步骤、成菜质量等符合相关标准。
- 通过对相关知识的学习与西北地区风味代表名菜的深入实训，结合消费者的需求变化，能进行创新、开发适销对路的新西北地区风味代表名菜。

素质目标

- 具有“各美其美、美美与共”的餐饮文化观，坚定文化自信。
- 树立终身学习的观念，不断学习新知识、新技术，以适应行业发展的需要。

模块导读

西北地区简称西北，该地区的肉食以羊、鸡为大宗，间有山珍野菌，淡水鱼和海鲜较少。其技法多为烤、煮、烧、烩，嗜酸辛，重鲜咸，喜爱酥烂香浓。西北地区经典名菜主要从陕西、甘肃、青海、宁夏回族自治区和新疆维吾尔自治区的风味菜肴中精选组成。

一、陕西风味菜概况

陕西风味菜简称陕菜或秦菜。陕西在我国文化发展史上具有重要地位，其烹饪发展可以上溯至仰韶文化时期。陕菜是我国最古老的菜系之一，陕菜的形成发展对别的菜系或多或少都产生了一定影响。陕菜既有精雅的高档菜，又有普通的中低档菜；既包括一批传统菜，又包括仿古菜、创新菜，还有众多的素菜、药膳菜等，以及品类丰富、风味独特的面点小吃。陕菜区别于其他菜系的基本特征：一是兼备黄河、长江两大流域原生态物料和全国名产；二是擅长氽、炝、蒸、炒、炖等烹制方法；三是囊括辛辣、浓郁、清爽的滋味，酸辣、鲜香比较突出。

中烹协发布的地方风味名菜中所列陕西经典名菜包含糟肉、蒸盆子（见图7-0-1）、温拌腰丝、葫芦鸡、商芝肉、海参烀蹄子（见图7-0-2）、烧三鲜、莲菜炒肉、带把肘子、奶汤锅子鱼等十大菜品。

图7-0-1　蒸盆子

图7-0-2　海参烀蹄子

二、甘肃风味菜概况

甘肃风味菜简称陇菜。陇菜以丝绸之路原料为主，甘肃文化、敦煌艺术为背景，结合清真菜、家常饮食、小吃，借鉴各大菜系的优良技法，在继承传统特色的基础上，挖掘整理出适应当地饮食习惯的特有菜品体系。陇菜历史悠久，富有深厚的文化内涵，颇具地方特色与民族风情。甘肃风味菜尤擅烤、煮、炖。牛羊肉菜品较多，风格朴实无华，菜品少用配料，口味崇尚咸、鲜、酸、香、辣，重用香料，基本味型有酸辣、芥末、糖醋、咸鲜、椒盐、五香等，口感追求浓厚。这是当地气候和地理条件使然，同时，也受四川、陕西等地风味菜肴影响。

中烹协发布的地方风味名菜中所列甘肃经典名菜包含蝴蝶羊肚菌、秘制卤肉（见图 7-0-3）、秘制牛掌、陇上香酥鸭、红焖藏香蕨麻、红烧黄河大鲤鱼、团圆百合、兰州手抓羊肉、四喜金樽狮子头、玉泉烤全羊（见图 7-0-4）等十大菜品。

图 7-0-3　秘制卤肉

图 7-0-4　玉泉烤全羊

三、青海风味菜概况

青海风味菜简称青海菜。青海菜可分为筵席菜、民族菜、家常菜、风味小吃、面点五大类。早在明清时期青海的筵请就有一套完整的筵席菜单，有菜八盘、肉八盘、碗、八大碗和藏式的千户筵之分。虽然筵席菜单不同，但风格大同小异，至今虽然菜肴品种有所变化，但筵席的基本规矩依然保持着传统风格。在原料选用上以牛羊肉和土特产品为主体，采用炒、烧、烤、蒸、煮、炖等烹调方法，以酸辣、醇香、酥脆为口味特征，形成了高原民族特色的饮食体系。

中烹协发布的地方风味名菜中所列青海虫草福禄牛骨髓、乾坤牛掌（见图 7-0-5）、茶道香薰羊排（见图 7-0-6）、青海酸辣里脊、青海三烧、杏花羊肠、如意发菜、富贵牛大运、百花金瓜羊肉、西城牛排等十大菜品。

图 7-0-5　乾坤牛掌

图 7-0-6　茶道香薰羊排

四、宁夏风味菜概况

宁夏风味菜简称宁夏菜。宁夏菜以回族风味菜肴为主体，也有部分汉族菜肴。它汇聚了回族饮食之精华，崇尚清真、实在，尤擅长牛羊肉的烹饪。宁夏菜以牛、羊、面食为主，佐料离不开西红柿与花椒、八角、茴香、辣椒、蒜、葱、姜等各种香料，口味则偏酸、辣，吃法也比较豪迈。

中烹协发布的地方风味名菜中所列宁夏回族自治区经典名菜包含碗蒸羊羔肉、清炖土鸡、烩羊杂、热切牛肉、沙湖大鱼头（见图 7-0-7）、宁夏烤全羊、白水鸡、手抓羊肉、五宝蒸全羊（见图 7-0-8）、大蒜烧黄河鲶鱼等十大菜品。

图 7-0-7　沙湖大鱼头

图 7-0-8　五宝蒸全羊

五、新疆风味菜概况

新疆风味菜简称新疆菜。新疆菜是一个带有强烈的民族、地域特色，深受周边地区餐饮文化影响，并与之相互融合的风味菜。所以，新疆菜既具清真菜特性，又具有西北菜系味重香浓的特点。它以羊、牛、马、鸡、鱼为主要烹饪原料，以炖、煮、烧、烤、焖、熏、拌、爆为主要烹饪方法，以主副食搭配为特色，以鲜、咸、酸、辣味道而见长，囊括了欧亚、西域、中原的饮食口味，形成了多地域、多口味、多特性的饮食风格。

中烹协发布的地方风味名菜中所列新疆维吾尔自治区经典名菜包含馕包肉、羊肉焖饼、新疆烤全羊（见图 7-0-9）、椒麻鸡、手抓肉、戈壁烤鱼（见图 7-0-10）、葱爆羊肉、煮熏马肉、天山雪莲牛排、大盘鸡等十大菜品。

图 7-0-9　新疆烤全羊

图 7-0-10　戈壁烤鱼

项目 1

西府岐山臊子鱼

项目目标

1. 搜集西府岐山臊子鱼的历史文化及传承等信息，并能恰当选用合格的原料。
2. 掌握西府岐山臊子鱼的烹调加工步骤、成品质量标准和安全操作注意事项。
3. 能依据“项目实施”做好各项准备，独立完成西府岐山臊子鱼的生产制作。

******

项目分析

西府岐山臊子鱼（见图 7–1–1）具有“色泽红亮、鱼形完整、酸辣鲜香”的特点，是 1999 年陕西烹饪协会和陕西人民出版社出版的《陕西烹饪大典》中所列的“陕西经典名菜”之一。西府岐山臊子鱼又称岐山臊子鱼，其发展历史悠久。为完成西府岐山臊子鱼的生产制作，传承西府岐山臊子鱼传统技艺，各学员不仅要做好相关准备，还应认真思考并回答完成此菜肴生产制作所涉及的几个核心问题。

图 7–1–1　西府岐山臊子鱼成品图

1. 查询资料，进一步了解此菜的风味特点及历史传承情况。
2. 制作此菜包括哪些基本操作流程？
3. 初步加工时，鲤鱼的加工标准是什么？
4. 烧制过程中如何防止鱼肉粘锅？

******

项目实施

一、主辅料及调味料准备

主辅料：鲤鱼 1 条约 1200g（见图 7–1–2）；五花肉 100g，红萝卜 50g，白萝卜 50g，鸡蛋皮 30g，水发黄花菜 25g，水发木耳 20g，老姜 10g，香葱 10g，香菜 15g，淀粉 10g（见图 7–1–3）。

调味料：五香粉 15g，辣椒面 10g，精盐 10g，生抽 10ml，老抽 4ml，料酒 30ml，香醋 15ml，鲜汤 500ml（见图 7-1-4）。

图 7-1-2　主料

图 7-1-3　辅料

图 7-1-4　调味料

二、生产制作流程

刀工处理→宰杀鲤鱼（腌制）→炸制鲤鱼→调配汤汁→烧制→调味→出锅装盘。

三、生产制作注意事项

（1）选用的鱼需要鲜活，五花肉以肥瘦相间的为佳。

（2）炸鱼时注意控制油温和炸制的手法，防止鱼肉脱皮和炸煳。

（3）烧制时掌握好火候，并适当旋锅和翻动，防止粘锅。

四、依据步骤进行生产制作

步骤 1：将五花肉、红萝卜、白萝卜分别切成 1cm 见方的丁（见图 7-1-5），鸡蛋皮切成 1cm 大小的菱形片，水发黄花菜切成 2cm 长的段，水发木耳切成 1cm 见方的块，葱白切成小丁，葱青留用，香菜切成小段，一半老姜切成片，另一半老姜切成末（见图 7-1-6）。

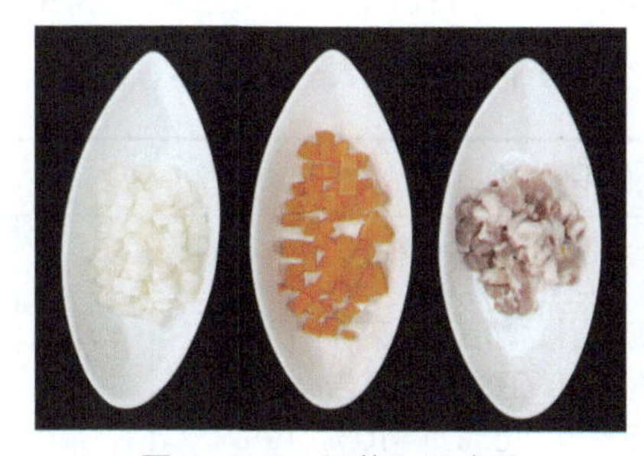
图 7-1-5　配菜刀工成品

图 7-1-6　小料刀工成品

步骤 2：将鲤鱼宰杀后清洗干净，在鱼身两面剞上十字花刀后放入盆中，用生抽、料酒、精盐、葱青和姜片腌制（见图 7-1-7），约 10 分钟后捡出姜片和葱青。

步骤 3：将炒锅烧热后放入食用油，待油温升至七成热时，放入腌制好的鲤鱼炸制（见图 7-1-8），炸约 4 分钟至定形、发硬时捞出。

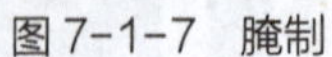

图 7-1-7 腌制

图 7-1-8 炸制

步骤 4：锅倒入少许油，下入切好的五花肉丁，煸炒微黄后放入葱白丁、姜末、料酒、五香粉、辣椒面继续煸炒，待香味浓郁后加入鲜汤，用精盐、生抽、老抽、香醋定色定味（见图 7-1-9）。

步骤 5：将炒锅中的汤汁大火烧沸腾后，下入炸好的鲤鱼及红萝卜丁、白萝卜丁，转小火焖制约 10 分钟后放入鸡蛋皮、木耳、黄花菜等，大火收汁，勾芡、淋包尾油，将鱼盛到碟子里，浇上焖鱼的原汁（见图 7-1-10），撒上香菜段即可。

图 7-1-9 定色定味

图 7-1-10 浇汁

综合评价

生产制作完成后，由你本人、你所在的小组其他成员和生产制作指导老师组成综合性评价小组，填写下列评价表。

<table>
<tr><th rowspan="3">评价项</th><th colspan="8">评分项</th><th rowspan="3">比例</th><th rowspan="3">分值</th></tr>
<tr><th colspan="2">生产制作前</th><th colspan="3">生产制作中</th><th colspan="2">生产制作后</th><th>合计</th></tr>
<tr><th>资料查找 10%</th><th>项目分析 20%</th><th>原料准备 10%</th><th>生产规范 20%</th><th>成品质量 15%</th><th>清洁卫生 15%</th><th>实训报告 10%</th><th>100%</th></tr>
<tr><td>自我评价</td><td></td><td></td><td></td><td></td><td></td><td></td><td></td><td></td><td>30%</td><td></td></tr>
<tr><td>小组评价</td><td></td><td></td><td></td><td></td><td></td><td></td><td></td><td></td><td>30%</td><td></td></tr>
<tr><td>老师评价</td><td></td><td></td><td></td><td></td><td></td><td></td><td></td><td></td><td>40%</td><td></td></tr>
<tr><td colspan="9">总 分</td><td>100%</td><td></td></tr>
</table>

项目 2

东府紫阳蒸盆子

项目目标

1. 搜集东府紫阳蒸盆子的历史文化及传承等信息，并能恰当选用合格的原料。
2. 掌握东府紫阳蒸盆子的烹调加工步骤、成品质量标准和安全操作注意事项。
3. 能依据“项目实施”做好各项准备，独立完成东府紫阳蒸盆子的生产制作。

******

项目分析

东府紫阳蒸盆子（见图 7-2-1）具有“原汁原味、汤醇肉香、色香味俱佳”的特点，是陕西十大经典名菜之一。其选材考究，做工精良。为完成东府紫阳蒸盆子的生产制作，传承东府紫阳蒸盆子传统技艺，各学员不仅要做好相关准备，还应认真思考并回答完成此菜肴生产制作所涉及的几个核心问题。

图 7-2-1 东府紫阳蒸盆子成品图

1. 查询资料，了解此菜肴的用料特点。
2. 制作此菜一般要经过哪些基本操作流程？
3. 蒸制时应如何控制蒸制火候？
4. 调味方面上需要注意哪些事项？

******

项目实施

一、主辅料及调味料准备

主辅料： 光土鸡 1 只约 1500g，猪蹄 1 个约 600g（见图 7-2-2）；水发香菇 100g，水发木耳 50g，鸡蛋 4 个，猪肉馅 200g，莲菜、胡萝卜、白萝卜、山药各 100g，姜片 25g，葱结 35g，葱花 15g（见图 7-2-3）。

调味料： 姜末、葱末各 20g，八角 2 个，桂皮 4g，草果 1 个，白芷 4g，花椒 3g，干辣椒 15g，料酒 10g，精盐 10g，生抽 10g，鲜汤 1000ml（见图 7-2-4）。

图 7-2-2 主料

图 7-2-3 辅料

图 7-2-4 调味料

二、生产制作流程

刀工处理→制作蛋饺→装料包→焯水→装盆→蒸制（调味）成菜。

三、生产制作注意事项

（1）初蒸时要用“武火”，火力猛，热效高，容易上气。待锅内上气后，即可改用“文火”，容易出味。

（2）蛋饺可做成“元宝”形，寓意“四季发财”；“金鱼”形，寓意“连年有余”等。

四、依据步骤进行生产制作

步骤 1：剪去鸡的啄尖、爪尖、翅尖，然后在内腔壁上涂抹盐；将猪蹄清洗干净后剁成块，用精盐和料酒腌制（见图 7-2-5）；将莲菜、胡萝卜、白萝卜、山药去皮切成滚刀块；将香葱切段、生姜切片，水发木耳和香菇切块（见图 7-2-6）。

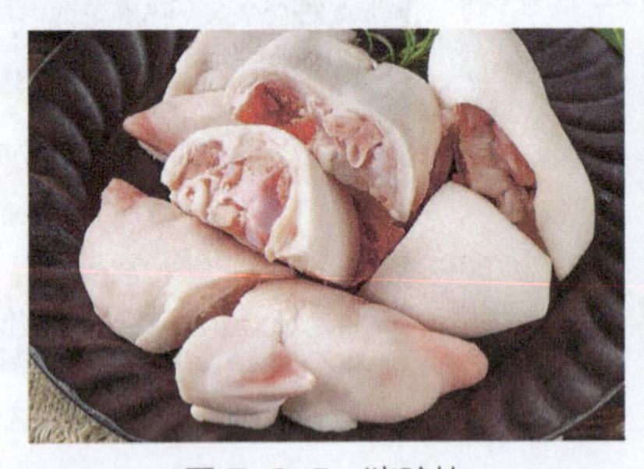
图 7-2-5 猪蹄块

图 7-2-6 配菜刀工成品

步骤 2：将猪肉馅用精盐、姜末、葱末、生抽调成馅心，鸡蛋打散后用炒勺炕至半熟，包入适量肉馅折叠后炕熟（见图 7-2-7）成蛋饺备用。

步骤 3：将八角、桂皮、草果、白芷、花椒、干辣椒等香料用干净纱布包紧制成料包。汤锅中放入清水，将整鸡、猪蹄等放入锅中焯水后捞出清洗干净（见图 7-2-8）。

步骤 4：将料包放在盆底，将葱姜塞入鸡肚子中后放在蒸盆中间，在鸡的周边放入莲菜、香菇、水发木耳，再将猪蹄块围在整鸡周围，然后加入鲜汤，倒入料酒（见图 7-2-9）。

步骤 5：放入蒸箱大火蒸约 30 分钟后转小火蒸约 2.5 小时，用精盐、生抽定色定味后放入剩余食材（见图 7-2-10），继续蒸约 1 小时后取出撒入葱花即可。

图 7-2-7　炕蛋饺

图 7-2-8　清洗干净

图 7-2-9　装盆

图 7-2-10　装盆后成品

生产制作完成后，由你本人、你所在的小组其他成员和生产制作指导老师组成综合性评价小组，填写下列评价表。

评价项	评分项								比例	分值
	生产制作前		生产制作中			生产制作后		合计		
	资料查找 10%	项目分析 20%	原料准备 10%	生产规范 20%	成品质量 15%	清洁卫生 15%	实训报告 10%	100%		
自我评价									30%	
小组评价									30%	
老师评价									40%	
总　分									100%	

项目 3

葫芦鸡

葫芦鸡

项目目标

1. 搜集葫芦鸡的历史文化及传承等信息，并能恰当选用合格的原料。
2. 掌握葫芦鸡的烹调加工步骤、成品质量标准和安全操作注意事项。
3. 能依据“项目实施”做好各项准备，独立完成葫芦鸡的生产制作。

* * * * * *

项目分析

葫芦鸡（见图 7-3-1）具有“色泽金黄、皮酥肉嫩、香烂味醇、筷到骨脱”的特点，是陕西十大经典名菜之一。2020 年，葫芦鸡被评为西安市地标性美食。关于“葫芦鸡”名字的由来，有两种说法：一种是“葫芦鸡”系“囫囵鸡”的转音，即一只整鸡的意思。另一种是这种做法做出来的鸡，不但香醇酥嫩，而且形似葫芦。为完成葫芦鸡的生产制作，传承葫芦鸡传统技艺，各学员不仅要做好相关准备，还应认真思考并回答完成此菜肴生产制作所涉及的几个核心问题。

图 7-3-1　葫芦鸡成品图

1. 查询资料，进一步了解葫芦鸡历史文化及传承情况。
2. 对主料选用有什么特别的要求？
3. 如何控制炸制火候，才能使成品达到皮酥肉嫩的效果？
4. 卤制时各种香料添加时间是否有特别的要求？

* * * * * *

项目实施

一、主辅料及调味料准备

主辅料：净嫩母鸡 1 只约 1500g（见图 7-3-2）；玉米淀粉 120g，大葱 5 段约 150g，老姜 60g（见图 7-3-3）。

调味料：精盐 30g，白糖 10g，冰糖 30g，八角 4 个约 15g，桂皮 2 小块约 10g，草果 2 个，香叶 4 片，丁香 3g，白芷 5g，花椒 4g，白蔻 5 个，良姜 8g，茴香 4g，干辣椒 25g，料酒 30ml，生抽 100ml，栀子 25g，椒盐 20g（见图 7-3-4）。

图 7-3-2　主料

图 7-3-3　辅料

图 7-3-4　调味料

二、生产制作流程

刀工处理→香料装袋→煮制→蒸制→造型→调糊→上糊→炸制→出锅装盘。

三、生产制作注意事项

（1）鸡的味道主要来源于盐，为使鸡入味透彻，盐的量要给足。

（2）在“实战”中，蒸制完成的鸡可以一直浸泡在汤汁中，待有客人点单后再捞出、挂糊炸制。

四、依据步骤进行生产制作

步骤 1：用剪刀剪去鸡脚尖、鸡尖和啄尖（见图 7-3-5），大葱切成 5cm 长的斜刀段，老姜拍松后切成 0.3cm 的厚片，将八角、桂皮、草果、香叶、丁香、白芷、花椒、白蔻、良姜、茴香、干辣椒等装入纱布袋中制成香料包（见图 7-3-6）。

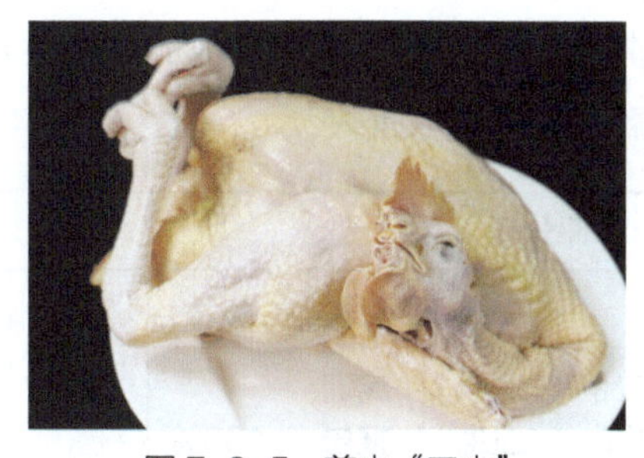
图 7-3-5　剪去“三尖”

图 7-3-6　香料装袋

步骤 2：汤锅中加入清水，放入初步处理好的嫩母鸡，然后放入大葱段、姜片、料酒，大火烧开后转小火煮制（见图 7-3-7），煮制过程不断地撇去浮沫，煮约 20 分钟后捞出。

步骤 3：将鸡放进盆中，倒入煮鸡原汤，直到没过鸡肉，然后用料酒、生抽、精盐、白糖等进行调色调味，再放入香料包，用保鲜膜密封后放入蒸箱中蒸制（见

图 7-3-8），蒸制约 1.5 小时取出。

图 7-3-7　入锅煮制

图 7-3-8　放入蒸箱蒸制

步骤 4：将鸡制形，使鸡胸面和鸡腿外侧面向上，形成葫芦形初坯（见图 7-3-9）。将栀子用 50ml 清水浸泡约 20 分钟后取汁与玉米淀粉和少许食用油调成稀糊状后涂抹在鸡的表面。

步骤 5：锅烧热后放入约 2L 的食用油，烧至八成热后，将鸡放入漏勺中，然后放入油锅中炸制（见图 7-3-10），待表面金黄酥脆后捞出控油，再装入盛器中，搭配椒盐碟上桌即成。

图 7-3-9　压成“葫芦形”

图 7-3-10　炸制

综合评价

生产制作完成后，由你本人、你所在的小组其他成员和生产制作指导老师组成综合性评价小组，填写下列评价表。

<table>
<tr><th rowspan="3">评价项</th><th colspan="8">评分项</th><th rowspan="3">比例</th><th rowspan="3">分值</th></tr>
<tr><th colspan="2">生产制作前</th><th colspan="3">生产制作中</th><th colspan="2">生产制作后</th><th>合计</th></tr>
<tr><th>资料查找10%</th><th>项目分析20%</th><th>原料准备10%</th><th>生产规范20%</th><th>成品质量15%</th><th>清洁卫生15%</th><th>实训报告10%</th><th>100%</th></tr>
<tr><td>自我评价</td><td></td><td></td><td></td><td></td><td></td><td></td><td></td><td></td><td>30%</td><td></td></tr>
<tr><td>小组评价</td><td></td><td></td><td></td><td></td><td></td><td></td><td></td><td></td><td>30%</td><td></td></tr>
<tr><td>老师评价</td><td></td><td></td><td></td><td></td><td></td><td></td><td></td><td></td><td>40%</td><td></td></tr>
<tr><td colspan="9">总　分</td><td>100%</td><td></td></tr>
</table>

项目 4

兰州手抓羊肉

项目目标

1. 搜集兰州手抓羊肉的历史文化及传承等信息，并能恰当选用合格的原料。
2. 掌握兰州手抓羊肉的烹调加工步骤、成品质量标准和安全操作注意事项。
3. 能依据“项目实施”做好各项准备，独立完成兰州手抓羊肉的生产制作。

* * * * * *

项目分析

兰州手抓羊肉（见图 7-4-1）具有“口味咸香、肉赤膘白、肥而不膻、爽而不腻、油润肉酥、质嫩滑软”的特点，是甘肃十大经典名菜之一。为完成兰州手抓羊肉的生产制作，传承兰州手抓羊肉传统技艺，各学员不仅要做好相关准备，还应认真思考并回答完成此菜肴生产制作所涉及的几个核心问题。

1. 制作此菜需要经过哪些基本操作流程？
2. 羊肉以选用什么品种的羊为佳？
3. 煮制过程是否加盐？为什么？
4. 搭配此菜的最佳“蘸料”是什么？主要用料有哪些？

图 7-4-1　兰州手抓羊肉成品图

* * * * * *

项目实施

一、主辅料及调味料准备

主辅料： 羯羊带骨肋条肉 1 块约 1500g（见图 7-4-2）；大葱 1 条约 150g，老姜 100g，香菜 30g，香葱 20g，蒜粒 40g（见图 7-4-3）。

调味料： 精盐 8g，鸡粉 5g，花椒 5g，草果 2 个，小茴香 4g，胡椒粒 15g，胡椒粉 2g，辣椒面 30g，蒜泥 15g，椒盐 30g（见图 7-4-4）。

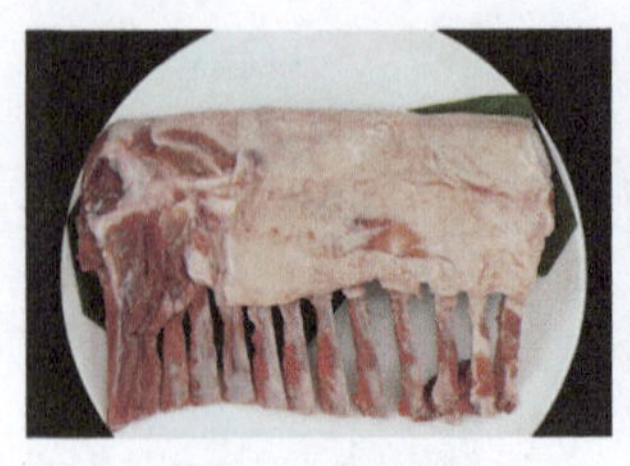
图 7-4-2 主料

图 7-4-3 辅料

图 7-4-4 调味料

二、生产制作流程

刀工处理→煮制→成品改刀→调制羊汤→制作蒜蓉辣椒酱→搭配装盘。

三、生产制作注意事项

（1）羊肉的腥膻程度主要取决于羊肉的品质，制作此菜宜选用盐池县的盐池滩羊中的山羯羊，其肉质鲜美，无膻味，属上上之品。

（2）不加盐是炖煮的关键，盐作为强电解质会破坏羊肉的细胞膜，使肉质中的水分渗出，失去弹性，口感变老。

四、依据步骤进行生产制作

步骤 1：将羯羊带骨肋条肉放入清水中清洗干净后沥干水分，大葱切成 4cm 左右的段，老姜拍裂后切块（见图 7-4-5）。另取熟食砧板，将蒜粒切成 0.2cm 厚度的片，香菜切 1cm 长的段，香葱切成葱花（见图 7-4-6）。

图 7-4-5 姜葱刀工成品

图 7-4-6 小料刀工成品

步骤 2：将羯羊带骨肋条肉切块，放入汤锅中，加入没过羊肉的纯净水，大火烧开后撇去浮沫。浮沫撇干净后，将葱段、姜块、花椒、草果、小茴香、胡椒粒等装入煲汤袋中，然后放入汤中，转中火煮制（见图 7-4-7）。

步骤 3：煮制约 1 小时左右，待筷子能轻松插入羊肉即可捞出，放在熟食砧板上稍微修整、改刀（见图 7-4-8），然后放进盛菜碟中。

步骤 4：将煮羊肉的原汤盛入汤碗中，加入香菜段、葱花、精盐、胡椒粉调匀成羊汤（见图 7-4-9）；用辣椒面、蒜泥、精盐、鸡粉及少许纯净水调成蒜蓉辣椒蘸水（见图 7-4-10）。

步骤 5：将蒜片、蒜蓉辣椒蘸水、羊汤、椒盐和装好碟的羊肉一起上桌即可。

图 7-4-7　放入香料煮制

图 7-4-8　羊肉修整、改刀

图 7-4-9　羊汤

图 7-4-10　蒜蓉辣椒蘸水

综合评价

生产制作完成后，由你本人、你所在的小组其他成员和生产制作指导老师组成综合性评价小组，填写下列评价表。

评价项	评分项								比例	分值
	生产制作前		生产制作中			生产制作后		合计		
	资料查找 10%	项目分析 20%	原料准备 10%	生产规范 20%	成品质量 15%	清洁卫生 15%	实训报告 10%	100%		
自我评价									30%	
小组评价									30%	
老师评价									40%	
总　分									100%	

项目 5

金菊百合

项目目标

1. 搜集金菊百合的历史文化及传承等信息，并能恰当选用合格的原料。
2. 掌握金菊百合的烹调加工步骤、成品质量标准和安全操作注意事项。
3. 能依据“项目实施”做好各项准备，独立完成金菊百合的生产制作。

* * * * * *

项目分析

金菊百合（见图 7-5-1）具有“形如菊花、味型香甜、花瓣酥脆、花心软糯”的特点，是甘肃兰州地区的一大特色菜。甘肃兰州百合以食用价值著称于世，色质洁白，个大味甜，既可用于制作点心，又可作菜肴。百合背后的文化内涵也寓意美好，寓意“百年好合”“百事合意”，所以兰州人才放手开发出许多以百合为主料的佳肴，金菊百合便是其一。为完成金菊百合的生产制作，传承金菊百合传统技艺，各学员不仅要做好相关准备，还应认真思考并回答完成此菜肴生产制作所涉及的几个核心问题。

1. 兰州百合有何特点？
2. 制作此菜宜选用什么品相的百合？
3. 刀工处理时，如何切制才能达到“丝丝均匀”？
4. 制作此菜的关键是炸制火候，火候应如何控制？

图 7-5-1　金菊百合成品图

* * * * * *

项目实施

一、主辅料及调味料准备

主辅料：独头百合 2 个约 200g（见图 7-5-2）；永登玫瑰酱 50g（见图 7-5-3）。
调味料：精盐 10g，绵白糖 25g，蜂蜜 30g（见图 7-5-4）。

图 7-5-2　主料

图 7-5-3　辅料

图 7-5-4　调味料

二、生产制作流程

初步加工→刀工处理→浸泡清洗→离火浸泡炸→淋炸→入锅浸炸→出锅装盘。

三、生产制作注意事项

（1）选用生长 3~4 年，直径 5~6cm，重约 100g 左右的独头百合入菜为佳。生长期在 4 年以上的百合，虽然炸出的花朵更大、更美观，但成本过高，制作过程中耗时也更长。

（2）浸泡清洗时需用手轻轻地将“花瓣”掰开，这样也可使花瓣绽放得更均匀。

四、依据步骤进行生产制作

步骤 1：将独头百合根须切掉（保持整形），把周边有变色的肉片剥掉，尖部中心位置的变色的部分用小刀挖掉，然后清洗干净（见图 7–5–5）。

步骤 2：砧板上放两根筷子，将清洗好的百合放在两根筷子的中央，用片刀从百合顶部切下，每隔 0.3cm 切一刀（见图 7–5–6），直到将整个百合切完。

图 7-5-5　清洗百合

图 7-5-6　切制

步骤 3：准备一个汤盆，放入大半盆清水，加入精盐搅拌均匀后将切好的百合放入汤盆中浸泡约 10 分钟，然后反复漂洗掉碎渣（见图 7–5–7），捞出控净水分。

步骤 4：炒锅放入食用油约 1.5L，加热至六成热时，将热油倒入油盆中，然后将控净水的百合放入油盆中浸泡（见图 7–5–8），约 15 分钟后百合叶片脱水变软、易散开时捞出。

步骤 5：将食用油再次倒入锅中，待油温升至六成热时将浸泡好的百合放在漏勺中，然后用手勺舀上热油从百合中心快速淋入（见图 7–5–9），待百合基本定型后放入油锅中浸炸至焦香酥脆、外表金黄后捞出摆放在盛菜碟中，然后在百合中心点缀永登玫瑰酱（见图 7-5-10）和绵白糖，再搭配上蜂蜜即可上桌。

图 7-5-7　清洗掉碎渣

图 7-5-8　热油浸泡

图 7-5-9　淋入热油

图 7-5-10　点缀玫瑰酱

综合评价

生产制作完成后，由你本人、你所在的小组其他成员和生产制作指导老师组成综合性评价小组，填写下列评价表。

<table>
<tr><th rowspan="3">评价项</th><th colspan="8">评分项</th><th rowspan="3">比例</th><th rowspan="3">分值</th></tr>
<tr><th colspan="2">生产制作前</th><th colspan="3">生产制作中</th><th colspan="2">生产制作后</th><th>合计</th></tr>
<tr><th>资料查找10%</th><th>项目分析20%</th><th>原料准备10%</th><th>生产规范20%</th><th>成品质量15%</th><th>清洁卫生15%</th><th>实训报告10%</th><th>100%</th></tr>
<tr><td>自我评价</td><td></td><td></td><td></td><td></td><td></td><td></td><td></td><td></td><td>30%</td><td></td></tr>
<tr><td>小组评价</td><td></td><td></td><td></td><td></td><td></td><td></td><td></td><td></td><td>30%</td><td></td></tr>
<tr><td>老师评价</td><td></td><td></td><td></td><td></td><td></td><td></td><td></td><td></td><td>40%</td><td></td></tr>
<tr><td colspan="9">总　分</td><td>100%</td><td></td></tr>
</table>

项目 6

青海三烧

项目目标

1. 搜集青海三烧的历史文化及传承等信息，并能恰当选用合格的原料。
2. 掌握青海三烧的烹调加工步骤、成品质量标准和安全操作注意事项。
3. 能依据“项目实施”做好各项准备，独立完成青海三烧的生产制作。

* * * * * *

项目分析

青海三烧（见图 7–6–1）具有“色泽艳丽、口感筋道、口味咸香微辣”的特点，是青海十大经典名菜之一，也是青海文化和旅游厅评定的“青海十大名菜”之一。该菜以羊蹄筋为主料，配以肉丸、肉块、土豆块等烹制而成，是青海传统老八盘之一，是青海最具代表性的美味佳肴，也是青海地区各民族待客的传统佳肴。按当地习惯，上这道菜时，同时要上肉包子或菜包子。为完成青海三烧的生产制作，传承青海三烧传统技艺，各学员不仅要做好相关准备，还应认真思考并回答完成此菜肴生产制作所涉及的几个核心问题。

图 7–6–1　青海三烧成品图

1. “三烧”具体指的是哪三样？
2. 查询资料，进一步了解此菜的风味特点。
3. 制作此菜的基本操作流程包括哪些？
4. 选料时有哪些特殊的要求？

* * * * * *

项目实施

一、主辅料及调味料准备

主辅料： 水发羊蹄筋 200g，五花肉 150g，牛肉 200g，土豆 1 个约 250g（见图 7–6–2）；青椒 1 个约 80g，红椒 1 个约 80g，青蒜 1 根，姜丁 20g，蒜丁 20g，干辣椒节 15g，大葱片 40g，鸡蛋 1 个（见图 7–6–3）。

调味料：姜末 5g，草果粉 3g，花椒粉 4g，白胡椒粉 2g，生抽 10ml，老抽 4ml，精盐 5g，冰糖 50g，料酒 10ml，特制油 25ml，菜籽油 30ml，八角粉 2g，桂皮粉 2g（见图 7-6-4）。

图 7-6-2　主料

图 7-6-3　辅料

图 7-6-4　调味料

二、生产制作流程

刀工处理→制作丸子→制作烧肉→烧制→调味→出锅装盘。

三、生产制作注意事项

（1）主要原料应以青海本地所产的原料为佳，如土豆选用红皮土豆，牛肉选用牦牛肉等。

（2）特制油是运用菜籽油加入洋葱、胡萝卜、香菜、大葱、胡麻、花椒等原料熬制而成。

四、依据步骤进行生产制作

步骤 1：将水发羊蹄筋切成长约 5cm 的段，土豆去皮后切成滚刀块后放入清水中清洗掉表面的淀粉，之后捞出控净水，将五花肉切成 1.5cm 见方的块，将牛肉剁碎（见图 7-6-5），青红椒切成边长 2cm 菱形片，青蒜切成约 4cm 长的斜刀段（见图 7-6-6）。

图 7-6-5　主料切制成品

图 7-6-6　辅料切制成品

步骤 2：剁碎的牛肉加入姜末、草果粉、花椒粉、白胡椒粉、生抽、精盐、鸡蛋液和适量的食用油后搅打上劲，挤成大小适中的丸子后炸制（见图 7-6-7），待熟透捞出备用。

步骤 3：锅中放油，加入冰糖，放入五花肉块翻炒均匀，加入清水后放入八角粉、桂皮粉、干辣椒、花椒粉和生抽小火焖制约 20 分钟至汤汁浓稠、肉色红亮时出锅备用（见图 7–6–8）。

图 7-6-7　炸牛肉丸

图 7-6-8　烧制五花肉

步骤 4：炒锅中放入菜籽油，然后放入姜丁、蒜丁、葱片等炒香后放入羊蹄筋、肉丸、土豆等原料（见图 7–6–9），淋入料酒翻炒均匀，加入汤水，烧制约 5 分钟后调味调色。

步骤 5：倒入炒好的五花肉，稍炒匀后盖上锅盖烧约 3 分钟，加入青椒片、红椒片和青蒜段（见图 7–6–10），翻炒均匀后淋入特制油，再翻炒均匀即可出锅。

图 7-6-9　烧制

图 7-6-10　加入配料

生产制作完成后，由你本人、你所在的小组其他成员和生产制作指导老师组成综合性评价小组，填写下列评价表。

<table>
<tr><th rowspan="3">评价项</th><th colspan="8">评分项</th><th rowspan="3">比例</th><th rowspan="3">分值</th></tr>
<tr><th colspan="2">生产制作前</th><th colspan="3">生产制作中</th><th colspan="2">生产制作后</th><th>合计</th></tr>
<tr><th>资料查找 10%</th><th>项目分析 20%</th><th>原料准备 10%</th><th>生产规范 20%</th><th>成品质量 15%</th><th>清洁卫生 15%</th><th>实训报告 10%</th><th>100%</th></tr>
<tr><td>自我评价</td><td></td><td></td><td></td><td></td><td></td><td></td><td></td><td></td><td>30%</td><td></td></tr>
<tr><td>小组评价</td><td></td><td></td><td></td><td></td><td></td><td></td><td></td><td></td><td>30%</td><td></td></tr>
<tr><td>老师评价</td><td></td><td></td><td></td><td></td><td></td><td></td><td></td><td></td><td>40%</td><td></td></tr>
<tr><td colspan="9">总　分</td><td>100%</td><td></td></tr>
</table>

项目 7

青海酸辣里脊

项目目标

1. 搜集青海酸辣里脊的历史文化及传承等信息，并能恰当选用合格的原料。
2. 掌握青海酸辣里脊的烹调加工步骤、成品质量标准和安全操作注意事项。
3. 能依据“项目实施”做好各项准备，独立完成青海酸辣里脊的生产制作。

******

项目分析

青海酸辣里脊（见图 7–7–1）具有“肉块色泽金黄、酸辣爽滑、酥脆，蔬菜熟而不软”的特点，是青海十大经典名菜之一。青海当地有“老八盘”的传统菜系传承，而对于这道青海酸辣里脊来说，就是老八盘的头菜。以传统油炸方式包裹里脊肉，后仿照传统地三鲜的烹制手法，把青海当地最受人们喜欢的食蔬融入烹饪之中，加上酸辣适口的调味方式深受食客喜爱。为完成青海酸辣里脊的生产制作，传承青海酸辣里脊传统技艺，各学员不仅要做好相关准备，还应认真思考并回答完成此菜肴生产制作所涉及的几个核心问题。

1. 查询资料，进一步了解此菜的风味特点。
2. 制作此菜需要经过哪些基本操作流程？
3. 制作此菜的“独特”用料包括哪些？
4. 上菜时应怎样盛装最合适？

图 7–7–1　青海酸辣里脊成品图

******

项目实施

一、主辅料及调味料准备

主辅料：里脊肉 500g（见图 7–7–2）；青椒 1 个约 80g，红椒 1 个约 80g，青蒜 1 根，水发黑木耳 50g，蒜粒 5 颗约 20g，淀粉 200g，鸡蛋 1 个，干辣椒 15g（见图 7–7–3）。

调味料：高汤 500ml，料酒 12ml，胡椒粉 3g，精盐 6g，姜粉 2g，草果粉 3g，香醋 40ml（见图 7–7–4）。

图 7-7-2　主料

图 7-7-3　辅料

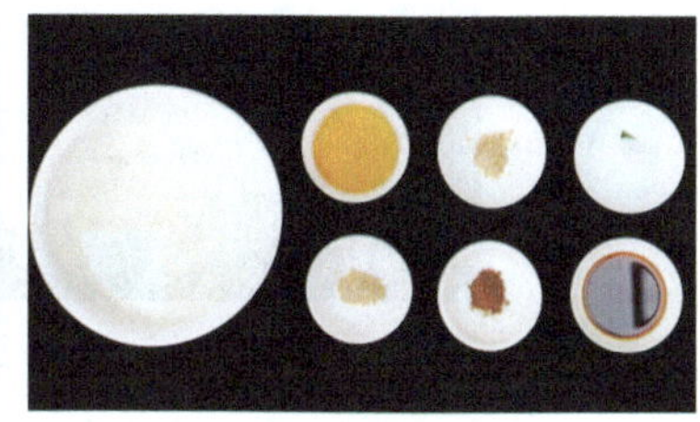
图 7-7-4　调味料

二、生产制作流程

刀工处理→腌制→调糊挂糊→初步炸制→调味→出锅装盘。

三、生产制作注意事项

（1）此菜的独特之处是“原材料”，青海本地土猪肉、菜籽油还有湟源县产的香醋是关键。炸制里脊要“炸三遍”才能有酥脆的口感。

（2）酱汁和炸好的肉可以分别盛放，上桌后再将酱汁浇淋在炸好的肉上，此菜在 5 分钟内食用口感最佳。

四、依据步骤进行生产制作

步骤 1：将里脊肉切成 0.5cm 厚、2cm 左右宽的方块状（见图 7–7–5），青椒和红椒切成边长约 2cm 的菱形片，蒜苗切成 3cm 左右的斜刀段，黑木耳切成 2cm 见方的菱形片，蒜粒拍裂后剁成末，干辣椒切成 3cm 左右的段（见图 7–7–6）。

图 7-7-5　里脊肉切块成品

图 7-7-6　配菜切制成品

步骤 2：将切好的肉块放入盛器中，加入料酒、胡椒粉、精盐及鸡蛋液，抓拌均匀后腌制约 10 分钟；将淀粉调成淀粉糊，然后将腌制好的里脊放入，抓拌均匀（见图 7–7–7）。

步骤 3：炒锅烧热后放入 2L 菜籽油，待油温升至六成热后放入挂上糊的里脊肉块炸制（见图 7–7–8），定形后出锅，待油温升至七成热后再次炸制，待肉色微黄时捞出备用。

图 7-7-7　肉块上糊

图 7-7-8　炸制肉块

步骤 4：另起锅，爆香大蒜末、干辣椒后放入高汤，加入精盐、姜粉、草果粉和香醋调味，加入青红椒块、蒜苗段、黑木耳等稍煮后用水淀粉勾玻璃芡（见图 7–7–9），然后盛入汤碗中。

步骤 5：油锅继续加热，待油温升至八成热后放入经初步炸制的里脊肉块，炸至色泽金黄、酥脆后出锅，放入凹盘中，然后将酱汁淋在肉块上（见图 7–7–10），迅速上菜即可。

图 7-7-9　煮制酱汁

图 7-7-10　淋上酱汁

综合评价

生产制作完成后，由你本人、你所在的小组其他成员和生产制作指导老师组成综合性评价小组，填写下列评价表。

评价项	评分项								比例	分值
	生产制作前		生产制作中			生产制作后		合计		
	资料查找 10%	项目分析 20%	原料准备 10%	生产规范 20%	成品质量 15%	清洁卫生 15%	实训报告 10%	100%		
自我评价									30%	
小组评价									30%	
老师评价									40%	
总分									100%	

项目 8

碗蒸羊羔肉

项目目标

1. 搜集碗蒸羊羔肉的历史文化及传承等信息，并能恰当选用合格的原料。
2. 掌握碗蒸羊羔肉的烹调加工步骤、成品质量标准和安全操作注意事项。
3. 能依据“项目实施”做好各项准备，独立完成碗蒸羊羔肉的生产制作。

* * * * * *

项目分析

碗蒸羊羔肉（见图 7-8-1）具有“色泽明亮、口味鲜香、羊羔肉细嫩鲜美、口感软烂”的特点，是宁夏十大经典名菜之一。此菜已有上百年的历史，是宁夏民间最常烹饪的方法之一，流行于同心县、海原县一带，以肉质鲜美而著称，是宁夏人招待贵客的必点之菜，尤其是每到秋冬季节，更受欢迎。为完成碗蒸羊羔肉的生产制作，传承碗蒸羊羔肉传统技艺，各学员不仅要做好相关准备，还应认真思考并回答完成此菜肴生产制作所涉及的几个核心问题。

1. 羊羔肉的品质特征有什么特点？
2. 制作此菜应采用什么烹饪技法成菜？
3. 刀工处理时，对羊肉的处理标准是什么？
4. 烹饪加工过程中可以通过哪些途径减轻羊肉膻味？

图 7-8-1　碗蒸羊羔肉成品图

* * * * * *

项目实施

一、主辅料及调味料准备

主辅料：带骨羊羔肉 500g（见图 7-8-2）；红皮葱 25g，生姜 10g，香菜 10g，蒜粒 10g，鸡蛋 1 个，面粉 50g，玉米淀粉 25g（见图 7-8-3）。

调味料：精盐 5g，鸡精 2g，十三香 8g，花椒面 5g，大料粉 5g，胡椒粉 2g，酱油

5ml，胡麻油 30ml（见图 7-8-4）。

图 7-8-2　主料

图 7-8-3　辅料

图 7-8-4　调味料

二、生产制作流程

带骨羊肉砍成块→漂洗羊肉→蔬菜改刀→腌制羊肉→装入蒸碗→蒸制→出锅配上香菜段上桌。

三、生产制作注意事项

（1）选择半岁至周岁之间，体重在 7.5 公斤至 10 公斤间的羊羔。最好选用胸叉、上脊骨部位肉为佳。

（2）羊羔肉浸泡时间不宜太长，腌制时间不宜太短。

（3）大火蒸制，时间掌握需恰当。

四、依据步骤进行生产制作

步骤 1：将带骨羊羔肉砍成约 3cm 见方的块（见图 7-8-5），然后放入盛器中，加入冷水漂净羊肉中的血水，待清水浑浊后换水再次浸泡（见图 7-8-6），如此反复直至水清澈后捞出挤干水分。

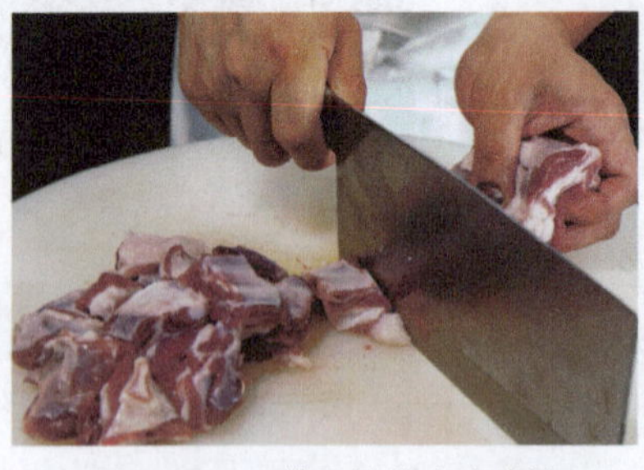
图 7-8-5　带骨羊羔肉砍成块

图 7-8-6　漂洗羊肉

步骤 2：将红皮葱放砧板上切成葱花，生姜切成姜末，蒜粒拍碎后反复剁成末，香菜切成 2cm 左右的段（见图 7-8-7）。

步骤 3：挤干水分的羊肉块放进汤盆中，加精盐、鸡精、十三香、花椒面、大料粉、胡椒粉、酱油及切好的葱花、姜末和蒜末（见图 7-8-8）。

步骤 4：锅烧热后将胡麻油放入锅中烧至八成热，然后淋在葱花、姜末和蒜末上，稍微放凉后再加入面粉、玉米淀粉抓拌均匀（见图 7-8-9），用保鲜膜密封后放入冰箱冷藏约 20 分钟，取出后装入蒸碗中。

步骤 5：将装好的羊肉放进已经上汽的蒸锅中（见图 7-8-10），蒸约 1 小时左右取出，出锅后配上香菜段，趁热上桌即可。

图 7-8-7 辅料刀工成品

图 7-8-8 加入腌料

图 7-8-9 腌制成品

图 7-8-10 放入蒸锅蒸

综合评价

生产制作完成后，由你本人、你所在的小组其他成员和生产制作指导老师组成综合性评价小组，填写下列评价表。

<table>
<tr><th rowspan="3">评价项</th><th colspan="8">评分项</th><th rowspan="3">比例</th><th rowspan="3">分值</th></tr>
<tr><th colspan="2">生产制作前</th><th colspan="3">生产制作中</th><th colspan="2">生产制作后</th><th>合计</th></tr>
<tr><th>资料查找10%</th><th>项目分析20%</th><th>原料准备10%</th><th>生产规范20%</th><th>成品质量15%</th><th>清洁卫生15%</th><th>实训报告10%</th><th>100%</th></tr>
<tr><td>自我评价</td><td></td><td></td><td></td><td></td><td></td><td></td><td></td><td></td><td>30%</td><td></td></tr>
<tr><td>小组评价</td><td></td><td></td><td></td><td></td><td></td><td></td><td></td><td></td><td>30%</td><td></td></tr>
<tr><td>老师评价</td><td></td><td></td><td></td><td></td><td></td><td></td><td></td><td></td><td>40%</td><td></td></tr>
<tr><td colspan="9">总 分</td><td>100%</td><td></td></tr>
</table>

项目 9

大蒜烧黄河鲶鱼

大蒜烧黄河鲶鱼

项目目标

1. 搜集大蒜烧黄河鲶鱼的历史文化及传承等信息，并能恰当选用合格的原料。
2. 掌握大蒜烧黄河鲶鱼的烹调加工步骤、成品质量标准和安全操作注意事项。
3. 能依据“项目实施”做好各项准备，独立完成大蒜烧黄河鲶鱼的生产制作。

******

项目分析

大蒜烧黄河鲶鱼（见图 7-9-1）具有“色泽红亮，口味咸鲜、微辣回甜，鱼肉鲜嫩、蒜香味浓”的特点，是宁夏十大经典名菜之一。此菜选用宁夏境内黄河流域所生长的黄河鲶鱼制作而成，黄河鲶鱼的肉质鲜美，而黄河鲶鱼最佳烹饪方法便是红烧，更加凸显了鱼肉原本的鲜嫩可口，鱼汤浓郁。为完成大蒜烧黄河鲶鱼的生产制作，传承大蒜烧黄河鲶鱼传统技艺，各学员不仅要做好相关准备，还应认真思考并回答完成此菜肴生产制作所涉及的几个核心问题。

图 7-9-1　大蒜烧黄河鲶鱼成品图

1. 烧制技法有什么特点？
2. 优质黄河鲶鱼的品质特征有哪些？
3. 刀工处理时，主料的处理规格标准是什么？
4. 初加工时，如何去除鲶鱼表面的黏液？
5. 烧制过程如何保持鱼块完整不碎？

******

项目实施

一、主辅料及调味料准备

主辅料：黄河鲶鱼 1 条约 950g（见图 7-9-2）；独头大蒜 150g，老姜 50g，大葱 50g，干辣椒 30g，香菜 15g，红枣 6 个，鸡蛋 1 个，红薯淀粉 50g（见图 7-9-3）。

调味料：胡椒粉 3g，料酒 20ml，精盐 10g，豆瓣酱 5g，花椒 4g，白糖 5g，香醋 6ml，老抽 2ml，生抽 5ml，八角 10g（见图 7-9-4）。

图 7-9-2　主料

图 7-9-3　辅料

图 7-9-4　调味料

二、生产制作流程

宰杀鲶鱼→刀工处理→腌制鲶鱼→鲶鱼块挂糊→炸制鲶鱼→炒酱汁烧制→出锅装盘。

三、生产制作注意事项

（1）由于鲶鱼皮肤上含有较多的黏液，加工时需要将其洗净。

（2）炒制大蒜时，需要用小火煸炒，炒至蒜油渗出，其香味才浓郁。

（3）鲶鱼烧制时最好加锅盖，烧制过程中适当旋动锅。

四、依据步骤进行生产制作

步骤 1：将鲶鱼敲晕后放在大盆中，倒入 80℃左右的热水，待表面的黏液凝固后捞出（见图 7-9-5），放进冷水中降温，然后轻轻刮掉表面的凝固物，剖开鱼肚子，将鱼肚子里的污物清理干净（见图 7-9-6）。

图 7-9-5　热水烫皮

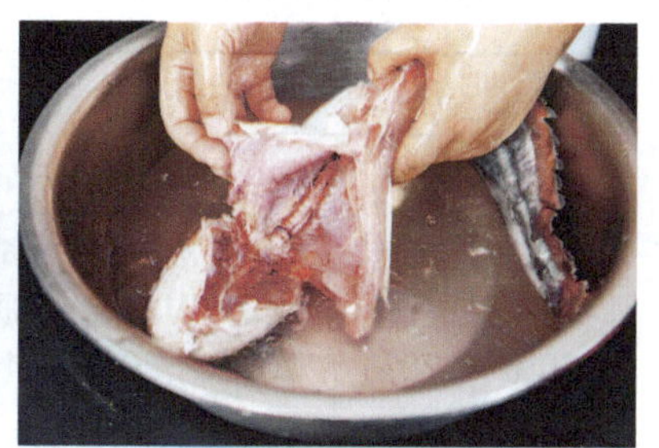
图 7-9-6　清理内脏

步骤 2：将鲶鱼切成大块，老姜切片，大葱切斜刀片，干辣椒切段（见图 7-9-7）。

步骤 3：将切好的鲶鱼块放入盆中，加入精盐、胡椒粉、料酒、葱片、姜片抓拌均匀，腌制约 10 分钟后捞出滴干水分后再放进干燥的盆中，敲入鸡蛋，抓拌均匀后加入红薯淀粉抓匀（见图 7-9-8）。

步骤 4：锅内放入 1.5L 油，待油温升至六成热后将鲶鱼块炸至金黄色捞出（见图 7-9-9）。

步骤 5：锅内放油，先放入大蒜，小火炒出蒜香后放葱片、姜片、八角、花椒、干辣椒，炒出香味后再放入豆瓣酱煸炒出红油，淋入料酒，加入足量的水烧开，用精盐、白糖、胡椒粉、老抽和生抽调味调色，倒入炸好的鱼块，加红枣烧制（见图 7-9-10），约20分钟至鲶鱼入味收汁，烹入醋提味即可出锅装盘，然后撒上香菜，趁热上菜即可。

图 7-9-7　料头改刀成品

图 7-9-8　鲶鱼腌制挂糊

图 7-9-9　炸制鲶鱼块

图 7-9-10　烧制鲶鱼

综合评价

生产制作完成后，由你本人、你所在的小组其他成员和生产制作指导老师组成综合性评价小组，填写下列评价表。

评价项	评分项								比例	分值
	生产制作前		生产制作中			生产制作后		合计		
	资料查找10%	项目分析20%	原料准备10%	生产规范20%	成品质量15%	清洁卫生15%	实训报告10%	100%		
自我评价									30%	
小组评价									30%	
老师评价									40%	
总　分									100%	

项目 10

大盘鸡

项目目标

1. 搜集大盘鸡的历史文化及传承等信息，并能恰当选用合格的原料。
2. 掌握大盘鸡的烹调加工步骤、成品质量标准和安全操作注意事项。
3. 能依据“项目实施”做好各项准备，独立完成大盘鸡的生产制作。

* * * * * *

项目分析

大盘鸡（见图 7–10–1）具有“鸡肉鲜嫩香浓、色泽棕红、麻辣味厚”的特点，是新疆十大经典名菜之一。为完成大盘鸡的生产制作，传承大盘鸡传统技艺，各学员不仅要做好相关准备，还应认真思考并回答完成此菜肴生产制作所涉及的几个核心问题。

1. 查询资料，进一步了解此菜的风味特点。
2. 制作此菜的一般操作流程有哪些？
3. 刀工处理时，各用料的处理规格标准是什么？
4. 调味料选用有什么特点？
5. 此菜宜采用什么样的器皿盛装？

图 7–10–1　大盘鸡成品图

* * * * * *

项目实施

一、主辅料及调味料准备

主辅料：三黄鸡半只约 900g，土豆 2 个约 450g（见图 7–10–2）；牛角椒 2 个约 60g，鲜红辣椒 2 个约 40g，香葱 30g，老姜 30g，老蒜 6 粒，白皮洋葱 120g（见图 7–10–3）。

调味料：啤酒 500ml，糖色 100ml，鸡粉 5g，干辣椒 25g，桂皮 5g，香叶 4 片，生抽 10ml，豆瓣酱 35g，花椒 3g，八角 10g，料酒 20ml，精盐 4g，胡椒粉 3g（见图 7–10–4）。

图 7-10-2　主料

图 7-10-3　辅料

图 7-10-4　调味料

二、生产制作流程

刀工处理→浸泡香料→鸡块焯水→煸炒鸡块→调味烧制→出锅装盘。

三、生产制作注意事项

（1）可以根据各地区饮食文化特点，选用煮熟的宽面垫在盘底。

（2）加入的水或者啤酒要适量，要保证成品的汤汁充盈。

（3）经过温水浸泡的香料及干辣椒，辣味醇和、甘甜回味。

（4）选用的鸡肉的质量较为上乘时，可以直接生炒或腌制基本味后再炒。

四、依据步骤进行生产制作

步骤 1：将三黄鸡斩成块，土豆去皮后切成滚刀块，牛角椒和鲜红辣椒去籽后切块（见图 7-10-5）；白皮洋葱切块，老姜切片，干辣椒切段后去籽，豆瓣酱剁碎（见图 7-10-6）。

图 7-10-5　蔬菜改刀成品

图 7-10-6　料头改刀成品

步骤 2：准备小碗 1 个，放入适量的温水，然后将干辣椒段、花椒、桂皮、八角、香叶等香料放入浸泡（见图 7-10-7），约 10 分钟后捞出备用。

步骤 3：锅中加入约 2.5L 的清水，放入鸡块，加入料酒 10ml，加热过程不断撇去汤面的浮沫，待汤水沸腾后煮约 2 分钟捞出，用清水冲洗干净（见图 7-10-8）。

步骤 4：炒锅烧热后放入适量的食用油烧至五成热，放入姜片及香葱炒至微黄后捞出，然后放入蒜粒及浸泡好的香料微炒后加入豆瓣酱，炒至油色红亮后放入鸡块翻炒至色微黄（见图 7-10-9）。

步骤 5：沿锅边淋入料酒、糖色稍翻炒，加入啤酒，用精盐、鸡粉、生抽、胡椒粉等调味，然后下入土豆盖上盖子，焖约 15 分钟后放入青红椒片、洋葱片翻炒均匀，加入胡椒粉，待酱汁浓稠后淋入包尾油（见图 7-10-10），翻炒均匀后出锅，撒上少许香菜段即可。

图 7-10-7　浸泡香料

图 7-10-8　鸡块焯水

图 7-10-9　煸炒鸡块

图 7-10-10　调味烧制

生产制作完成后，由你本人、你所在的小组其他成员和生产制作指导老师组成综合性评价小组，填写下列评价表。

评价项	评分项								比例	分值
	生产制作前		生产制作中			生产制作后		合计		
	资料查找 10%	项目分析 20%	原料准备 10%	生产规范 20%	成品质量 15%	清洁卫生 15%	实训报告 10%	100%		
自我评价									30%	
小组评价									30%	
老师评价									40%	
总　分									100%	

项目 11

馕包肉

项目目标

1. 搜集馕包肉的历史文化及传承等信息，并能恰当选用合格的原料。
2. 掌握馕包肉的烹调加工步骤、成品质量标准和安全操作注意事项。
3. 能依据“项目实施”做好各项准备，独立完成馕包肉的生产制作。

******

项目分析

馕包肉（见图 7-11-1）具有“色泽棕红、肉质烂嫩、馕饼酥软、汤汁鲜美适口、营养丰富”的特点，是新疆十大经典名菜之一。馕包肉的食用方式非常多样化，既可以作为小吃推车或店门前兜售，也可以作为一种风味菜食，登上宴席的大雅之堂，作为一种名菜供中外宾客品尝。为完成馕包肉的生产制作，传承馕包肉传统技艺，各学员不仅要做好相关准备，还应认真思考并回答完成此菜肴生产制作所涉及的几个核心问题。

1. 查询资料，了解“馕”的风味特点。
2. 优质连骨肥羊肉应具有什么品质特征？
3. 制作此菜的操作流程有哪些？

图 7-11-1　馕包肉成品图

******

项目实施

一、主辅料及调味料准备

主辅料： 连骨肥羊肉 700g（见图 7-11-2）；热芝麻馕 1 个，胡萝卜 1 个约 250g，牛角椒 2 个约 100g，鲜红辣椒 2 个约 80g，洋葱 100g，大葱 80g，生姜 30g，蒜粒 35g，香菜 15g（见图 7-11-3）。

调味料： 生抽 15ml，水淀粉 20g，孜然粉 8g，新疆啤酒 750ml，新疆辣酱 20g，老抽 5ml，精盐 5g，新疆线辣椒 15g，香叶 4 片，冰糖 25g，花椒 4g

（见图 7–11–4）。

图 7-11-2　主料

图 7-11-3　辅料

图 7-11-4　调味料

二、生产制作流程

刀工处理→羊肉焯水→炒制糖色→煸炒羊肉→调味→焖制→出锅装盘。

三、生产制作注意事项

（1）选羊肉时以新疆本地的绵羊肉为佳。

（2）馕包肉是面食与菜二合一的美食，连骨肥羊肉应先在锅中煎上色再与其他辅料和调味料炖至酥烂。

四、依据步骤进行生产制作

步骤 1：将连骨肥羊肉砍成块，胡萝卜去皮切成滚刀块，牛角椒和鲜红辣椒分别切滚刀块（见图 7–11–5），80g 洋葱切片，20g 洋葱切丝，大葱切斜刀厚片（见图 7–11–6），生姜切片，蒜粒切片，香菜切段，芝麻馕放在熟食砧板上切成 8 等份后平铺在盛器中。

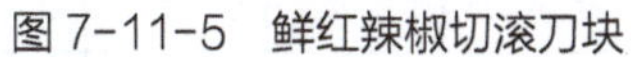
图 7-11-5　鲜红辣椒切滚刀块

图 7-11-6　大葱切斜刀厚片

步骤 2：砍好的羊肉块放入冷水锅中加热至沸腾，撇去产生的浮沫（见图 7–11–7），熟透后捞出晾干表面的水分。

步骤 3：锅中放入适量的食用油，加入冰糖炒至颜色呈现酱红色时，放入焯水后的羊肉炒至上色后放入新疆线辣椒、花椒、香叶、姜片、蒜片、大葱片等炒制（见图 7–11–8）。

步骤 4：待香味浓郁后加入新疆辣酱、生抽、老抽等继续不断翻炒，直至酱料出香，然后倒入新疆啤酒，刚刚没过原料（见图 7-11-9）即可，待汤汁煮沸后加入精盐、孜然粉，再放入胡萝卜块转中小火焖制约 25 分钟，用水淀粉勾芡，轻柔地翻动均匀，倒入牛角椒块、鲜红辣椒块及洋葱块翻炒至食材断生（见图 7-11-10），盛放在芝麻馕上面，然后撒上洋葱丝及香菜，趁热上桌即可。

图 7-11-7　撇去浮沫

图 7-11-8　煸炒羊肉

图 7-11-9　加酒烧制

图 7-11-10　翻炒至食材断生

综合评价

生产制作完成后，由你本人、你所在的小组其他成员和生产制作指导老师组成综合性评价小组，填写下列评价表。

<table>
<tr><th rowspan="3">评价项</th><th colspan="8">评分项</th><th rowspan="3">比例</th><th rowspan="3">分值</th></tr>
<tr><th colspan="2">生产制作前</th><th colspan="3">生产制作中</th><th colspan="2">生产制作后</th><th>合计</th></tr>
<tr><th>资料查找 10%</th><th>项目分析 20%</th><th>原料准备 10%</th><th>生产规范 20%</th><th>成品质量 15%</th><th>清洁卫生 15%</th><th>实训报告 10%</th><th>100%</th></tr>
<tr><td>自我评价</td><td></td><td></td><td></td><td></td><td></td><td></td><td></td><td></td><td>30%</td><td></td></tr>
<tr><td>小组评价</td><td></td><td></td><td></td><td></td><td></td><td></td><td></td><td></td><td>30%</td><td></td></tr>
<tr><td>老师评价</td><td></td><td></td><td></td><td></td><td></td><td></td><td></td><td></td><td>40%</td><td></td></tr>
<tr><td colspan="9">总　分</td><td>100%</td><td></td></tr>
</table>

模块测试

一、简答题

1. 简要回答陕菜区别于其他菜系的基本特征。

2. 简要回答青海十大经典风味名菜有哪些。

3. 简要回答制作碗蒸羊羔肉的注意事项。

4. 简要回答制作大盘鸡需要的主辅料和调味料的名称与数量。

5. 简要回答制作馕包肉的工艺流程。

二、实训题

1. 自行组建每组 5 人的调研团队，通过多渠道查询当地是否有销售西北地区菜肴的餐厅，实地调研此家餐厅销售的西北地区菜肴的名称、售价、销量等，然后完成调研报告，制作成 PPT 在班级活动中展示交流。

2. 根据“馕包肉”的原料配备、生产制作流程、制作注意事项、制作步骤等设计一款运用羊肉制作的中式热菜，并依据设计出的菜谱，采购原料，然后到实训室中将其制作出来，制作好后请计算其成本，并进行定价。

3. 请自行选择一道西北地区代表性名菜进行制作，将制作过程进行全程拍摄，运用多媒体技术剪辑成不超过 1 分钟的短视频，放在自媒体平台进行推广，统计在 24 小时内获赞情况，在班级活动中进行分享展示。

参 考 文 献

[1] 朱水根. 中国名菜制作技艺[M]. 上海：上海交通大学出版社，2012.

[2] 嵇步峰. 中国名菜[M]. 北京：中国纺织出版社，2008.

[3] 李保定. 中国名菜[M]. 北京：机械工业出版社，2011.

[4] 闵二虎，穆波. 中国名菜[M]. 重庆：重庆大学出版社，2019.

[5] 傅培梅. 中国传统名菜典[M]. 北京：中国轻工业出版社，2021.

[6] 彭文明，赵瑞斌. 内蒙古名菜[M]. 重庆：重庆大学出版社，2018.

[7] 徐明. 淮扬菜制作[M]. 2 版. 重庆：重庆大学出版社，2020.

[8] 陈纪临，方晓岚. 中国菜[M]. 谢幕娟，译. 成都：四川人民出版社，2021.

[9] 周军亮. 教学菜：湘菜[M]. 北京：中国劳动社会保障出版社，2022.

[10] 甘智荣. 精致粤菜 1688 例[M]. 南昌：江西科学技术出版社，2017.

[11] 吴茂钊，黄永国. 教学菜：黔菜[M]. 北京：中国劳动社会保障出版社，2021.

[12] 包丕满. 教学菜：鲁菜[M]. 北京：中国劳动社会保障出版社，2020.

[13] 西藏自治区人力资源和社会保障厅. 学藏菜　长本事[M]. 拉萨：西藏藏文古籍出版社，2016.

[14] 张革，许德权，张宇. 川菜制作技术[M]. 成都：西南交通大学出版社，2021.

[15] 鲁煊，唐成林，文岐福. 桂菜制作实训教程[M]. 北京：北京理工大学出版社，2023.